JN312499

明日を目指す **日本農業**

― Japan ブランドと共生 ―

編 集

池 戸 重 信

宮城大学　食産業学部　教授

幸 書 房

発刊にあたって

　人間が生きていくためには食べ物が必要不可欠である．人類が地球に現れて数百万年が経つと言われているが，この間のほとんどの期間を我々の先祖は，自然の恵みを日々追い求める狩猟や採取に頼って生活してきた．農業という自ら制御可能で革命的な食料生産手段を身につけたのは，今から1万数千年前と言われるが，この農業が我々人類にもたらした効果は計り知れないものがある．

　ところで，現在の日本の消費者にとって，食料は，生鮮の食材や加工品，外食や中食による提供等いつでも簡単に，かつ世界中のものが季節を問わず入手できる存在となっているが，一方では，供給サイドとの乖離が確実に進み，特に，農業は消費者の日常生活からきわめて遠い存在となりつつある．

　他方，わが国の食料自給率は年々低下の傾向にあり，農村では高齢化が進展するなど，将来の農業に対する懸念材料は少なくない．しかし，これらに対して，様々な分野において前向きで積極的な対策が講じられていることも事実である．

　本書は，こうした状況を踏まえ，わが国の農業が置かれている現状と将来への活性化に向けての諸施策を，世界の食料問題，貿易，外食，安全・安心，新技術，環境保全，農業組織など多岐の観点で解説したものであり，最近示された農政改革に関する具体的内容も盛り込んでいる．なお，出来るだけ判りやすくするため事例を入れるように努めた．

　もちろん，今回触れることが出来なかった分野でも重要な内容は多々ある．たとえば，前記の食と農の乖離の是正に関して「食育」は大切な課題であり，特に米飯学校給食などを通じて若年層の農業に対する理解

を深めることは，将来の農業にとっても重要な役割となっているが，これらは他書や本書読者の実践に期待することとしたい．

　ところで，本書の読者としては，農業分野に関する専門的な業務に就いている層というよりも，日頃から他業種において農業分野に関心を持っている人や，学校教育の場などで農業を教える立場にある人など，広く一般の方々を想定しており，それらの読者がガイドブック的に気軽に利用していただくことにより，一人でもわが国農業のサポーターとなっていただけることを期待している次第である．

　最後に，本書の作成に当たって多大なるお力添えをいただいた関係者に深く感謝申し上げます．

2007年9月

池戸　重信

明日を目指す 日本農業
― Japan ブランドと共生 ―

■ 編　者

　池戸重信　　宮城大学　食産業学部　教授

■ 執筆者一覧（執筆順）

　紺屋直樹　　宮城大学　食産業学部　講師
　森田　明　　宮城大学　食産業学部　講師
　堀田宗徳　　(財)　外食産業総合調査研究センター　主任研究員
　池戸重信　　宮城大学　食産業学部　教授
　児嶋　清　　独立行政法人　農業・食品産業技術総合研究機構
　　　　　　　東北農業研究センター　企画管理部　研究調整役
　田所義雄　　農林水産大臣認定TLO・特許流通アドバイザー
　青森県農林水産部総合販売戦略課
　阿部　潤　　岩手県農業研究センター　園芸畑作部花き研究室長
　日影孝志　　八幡平市花き研究開発センター　所長
　矢野歳和　　宮城大学　食産業学部　教授
　髙橋　巌　　日本大学　生物資源科学部　食品経済学科　准教授
　髙橋伸悦　　農林水産省　関東農政局　静岡農政事務所長
　田中宏樹　　農林水産省　東北農政局　企画調整室長

目　　　次

1. 世界の食料問題と日本の農業 …………………………………1
   1.1 世界の栄養状態 ……………………………………………1
   1.2 世界の食料需要 ……………………………………………4
   1.3 食料生産の可能性と課題 …………………………………6
      1.3.1 途上国における食料生産 ……………………………6
      1.3.2 世界の穀物生産（食料供給）………………………8
      1.3.3 食料生産と土地 ………………………………………8
      1.3.4 作付集約度の増加 ……………………………………9
      1.3.5 単収の増加 ……………………………………………9
      1.3.6 中国の食糧需給に関する見解 ………………………10

2. 食料自給率と国際農産物貿易 ………………………………15
   2.1 は じ め に …………………………………………………15
   2.2 食料自給率の変化 …………………………………………16
      2.2.1 摂取カロリーから見た戦前・戦後の食生活の変化 ………16
      2.2.2 各種の食料自給率 ……………………………………20
      2.2.3 食料自給率低下の要因 ………………………………22
      2.2.4 嗜好変化の要因 ………………………………………25
      2.2.5 「食糧」から「食料」へ ……………………………27
   2.3 農産物貿易と国際交渉 ……………………………………28
      2.3.1 農産物の輸入と国際交渉 ……………………………29

2.3.2　ウルグアイ・ラウンドと農政手法の変化 …………………31
   2.3.3　農　業　保　護 ………………………………………………34
   2.3.4　WTO 交渉と FTA への動き …………………………………36
 2.4　お わ り に ………………………………………………………40

3. 外食産業の国産食材使用の現状と課題 …………45

 3.1　は じ め に …………………………………………………………45
 3.2　最近の外食産業の状況 ……………………………………………46
   3.2.1　市　場　規　模 …………………………………………………46
   3.2.2　オーバーストアと既存店活性化，多業種・多業態化
       と M&A …………………………………………………………47
 3.3　飲食店の食材仕入状況 ……………………………………………48
   3.3.1　食材仕入額 ………………………………………………………48
   3.3.2　青果物の食材仕入量 ……………………………………………50
 3.4　外食産業の国産食材使用の現状と課題 …………………………51
 3.5　ま　と　め …………………………………………………………53

4. 日本農業の安全・安心の取組み ……………………57

 4.1　消費者からみた農業の位置づけ …………………………………57
   4.1.1　農産物の安全性 …………………………………………………57
   4.1.2　フードチェーンの取組み ………………………………………60
   4.1.3　食べ物と人間（消費者）の関係 ………………………………61
 4.2　農業における管理技術の重要性 …………………………………62
   4.2.1　食品の品質管理体制の整備 ……………………………………62
   4.2.2　HACCP 方式の導入 ……………………………………………63
   4.2.3　フードチェーンにおける安全対策 ……………………………65

4.3　メリットを基軸とした農業の安心対策 ……………………67
　　4.3.1　安全対策と安心対策 …………………………………67
　　4.3.2　安全・安心対策の実際 ………………………………69
　　4.3.3　情報管理の重要性 ……………………………………71

5.　農林水産分野における新技術開発
　　―東北農業研究センターの研究成果と今後の研究課題― …………75

　5.1　第1期中期目標期間における主な研究成果 ………………75
　　5.1.1　水稲の省力・低コスト・安定生産技術の開発 ……………75
　　5.1.2　高品質な国産大豆の育成と安定生産技術 ……………76
　　5.1.3　高品質な麦品種の育成と生産技術 ……………………77
　　5.1.4　自給飼料型畜産に向けた技術 …………………………78
　　5.1.5　バイオマス利用技術及び畜産廃棄物管理技術など ………80
　　5.1.6　環境保全型病害虫・雑草管理技術 ……………………80
　　5.1.7　ゲノム育種による新規作物の開発 ……………………83
　　5.1.8　地球温暖化の影響評価や気候変動への対応技術 ……84
　　5.1.9　地域農業の先進的展開を支える技術 …………………85
　5.2　第2期中期計画において東北農研が担当する研究課題
　　　の概要 ……………………………………………………88
　　5.2.1　地域の条件を活かした高生産性水田・畑輪作シス
　　　　　テムの確立 …………………………………………88
　　5.2.2　自給飼料を基盤とした家畜生産システムの開発 ………89
　　5.2.3　高収益型園芸生産システムの開発 ……………………90
　　5.2.4　地域特性に応じた環境保全型農業生産システムの
　　　　　確立 …………………………………………………91
　　5.2.5　環境変動に対応した農業生産技術の開発 ……………92
　　5.2.6　先端的知見を活用した農業生物の開発及びその利用

　　　　　技術の開発……………………………………………… 92
　　5.2.7　高品質な農産物・食品と品質評価技術の開発 ………… 93
　　5.2.8　生産・加工・流通過程における汚染防止技術と危害
　　　　　要因低減技術の開発 ……………………………………… 94
　　5.2.9　バイオマスの地域循環システムの構築……………………… 94

6. 農畜産物における知的財産権の保護と活用 ………… 95

　6.1　知的財産権とは ………………………………………………… 95
　6.2　日本国の取組み状況…………………………………………… 97
　6.3　農畜産物に関する特許について ……………………………… 98
　6.4　地域ブランドについて ………………………………………… 100
　6.5　知的財産権の流通（ライセンス）について ………………… 101
　6.6　農畜産物での地域振興について ……………………………… 103

7. 地域ブランドの育成と農畜産物の需要拡大 ………… 105

　7.1　売れる商品を目指して―県産品のブランド化への
　　　取組み― …………………………………………………… 105
　7.1.1　は じ め に…………………………………………………… 105
　7.1.2　青森県とブランドイメージ ………………………………… 106
　7.1.3　青森県産品のブランド化…………………………………… 108
　7.1.4　お わ り に…………………………………………………… 115
　7.2　岩手県におけるリンドウのブランド化 ……………………… 117
　7.2.1　岩手県の花き生産の現状…………………………………… 117
　7.2.2　岩手県のリンドウ栽培の歴史 ……………………………… 119
　7.2.3　リンドウの品種開発と栽培技術開発 ……………………… 123
　7.2.4　「岩手りんどう」ブランドが創り，育てたもの ………… 126

7.2.5　岩手県八幡平市の品種開発によるリンドウのブランド
　　　　　　化に向けた取組み ………………………………………… 127

8. 環境保全とバイオマス構想 ………………………………… 135

　8.1　環境保全 ……………………………………………………… 135
　　　8.1.1　食料・農業・農村基本計画 …………………………… 135
　　　8.1.2　農業の環境貢献評価 …………………………………… 136
　　　8.1.3　自然再生推進法と景観緑三法 ………………………… 137
　　　8.1.4　環境保全型農業 ………………………………………… 137
　　　8.1.5　環境保全型農業の宮城県の取組み …………………… 139
　　　8.1.6　宮城県の県北地域　ふゆみずたんぼ ………………… 140
　　　8.1.7　グリーン・ツーリズム ………………………………… 141
　8.2　バイオマス・ニッポン総合戦略 …………………………… 141
　　　8.2.1　京都議定書とバイオマス・ニッポン総合戦略閣議
　　　　　　決定 ………………………………………………………… 142
　　　8.2.2　バイオマス・ニッポン総合戦略の見直し …………… 142
　　　8.2.3　バイオマスエネルギー導入目標設定 ………………… 143
　　　8.2.4　未利用バイオマスの利用促進 ………………………… 143
　　　8.2.5　宮城県でのバイオマスの可能性 ……………………… 143
　　　8.2.6　消化液処理の環境負荷低減と評価 …………………… 145
　　　8.2.7　宮城県の休耕田活用の可能性 ………………………… 147
　　　8.2.8　宮城県川崎町のバイオマスタウンの取組み ………… 148

9. 中山間地域等の維持・活性化と多面的農業の役割
　　　　―高齢化の進む中での地域農業組織のあり方を中心に― ……… 151

　9.1　はじめに ……………………………………………………… 151

- 9.2 高齢化が進む農村地域で求められる「ひと」の活用と「組織」............ 152
  - 9.2.1 地域農業の担い手の問題............ 152
  - 9.2.2 定年帰農の実態と課題............ 154
- 9.3 集落営農における定年帰農者の事例検討
  ―岡山県総社市―............ 156
  - 9.3.1 全戸参加と在宅型定年帰農者による運営............ 156
  - 9.3.2 職歴をフルに活用した組織運営............ 157
- 9.4 中山間地域におけるUターン型定年帰農者の検討事例
  ―山口県周防大島町―............ 159
  - 9.4.1 定年帰農者組織「トンボの会」............ 159
  - 9.4.2 会員の相互扶助とネットワークづくり............ 161
- 9.5 有機農業におけるIターン型定年帰農者の検討事例
  ―埼玉県小川町―............ 162
  - 9.5.1 有機農業の地域展開............ 162
  - 9.5.2 多元的な農産物販売を支える組織活動............ 163
  - 9.5.3 有機農業と定年帰農者............ 165
- 9.6 ま と め............ 166

10. 世界農業への貢献............ 171

- 10.1 貧困緩和と経済開発............ 171
- 10.2 農業技術の移転............ 172
  - 10.2.1 緑 の 革 命............ 172
  - 10.2.2 農業技術の開発............ 175
- 10.3 食 糧 援 助............ 176
  - 10.3.1 世界の食糧援助............ 176
  - 10.3.2 日本による食糧援助............ 177

10.4 直接投資 ……………………………………………………… 178
  10.4.1 海外直接投資 ……………………………………………… 178
  10.4.2 国際的な技術の移転 ……………………………………… 180

11. 農政改革下の地域農業の方向
　　―農業の高付加価値化は地域価値の向上から― ………… 183

11.1 農政改革の方向 ……………………………………………… 183
  11.1.1 食料・農業・農村基本法（新基本法）制定の背景と
　　　　概要 ………………………………………………………… 183
  11.1.2 新たな食料・農業・農村基本計画の概要 ……………… 187
  11.1.3 経営所得等安定対策の概要 ……………………………… 190
11.2 経営所得等安定対策の仕組み ……………………………… 191
  11.2.1 対策の仕組み ……………………………………………… 191
  11.2.2 地域の取組み ……………………………………………… 193
11.3 農政改革下での地域農業の方向 …………………………… 195
  11.3.1 わが国農業に求められているもの ……………………… 195
  11.3.2 水田農業地域における構造改革 ………………………… 195
11.4 持続的な地域農業の振興 …………………………………… 197

1. 世界の食料問題と日本の農業

　この章ではまず世界の食料と栄養の状態について FAO の資料をもとに検討する．次に世界の食料生産，特に穀物の生産についての概要を把握する．次いで食料増産の可能性について農業技術の発展の可能性も含めて検討する．

　国連の中位予測によれば，2006年末現在65億人の世界の総人口は2050年には約90億人になるとされている．また，2006年時点で世界では8億5,000万人もの人々が飢餓に苦しんでいる．今後，特に途上国での人口が増加することを考慮すれば，途上国における食料の増産が欠かせない．

1.1　世界の栄養状態

　17世紀の社会経済学者であるロバート・マルサスは，その著書『人口論』において「人口は幾何級数的に増加するが，食料生産は等差級数的にしか増加しないため，やがて人類には災厄が訪れる」と予測した．21世紀の今日，日本に住む人々も含めて人類は以前にも増して豊かな生活を送っている．人類全体にマルサスが予測したような災厄は訪れなかったといえる．しかし，そのように考えるのは人類の中でも一部の先進国に住んでいる人々だけであろう．

　世界は19世紀の初めには一部の王侯貴族，地主を除いて，どこの国や地域も同じように貧しかった．1820年には当時の経済界のリーダーであったイギリスと，世界で最も貧しい地域だったアフリカとの比較では，1人当たりの所得で4倍の格差があった．1998年には，世界一豊か

表1.1 1人当たり食料消費

地域・国グループ	1964-66	1974-76	1984-86	1997-99	2015	2030
世界	2,358	2,435	2,655	2,803	2,940	3,050
開発途上国	2,054	2,152	2,450	2,681	2,850	2,980
先進工業国	2,947	3,065	3,206	3,380	3,440	3,500

資料：FAO『FAO世界農業予測：2015-2030年　前編：世界の農業と食料確保』国際食糧農業協会（FAO協会），2003より作成．

な国アメリカと最も貧しい地域アフリカの差は20倍にもなっていた．この理由はいわゆる科学技術の進歩によるものである．世界の国や地域で経済的な豊かさや食料摂取量に違いがでてきたのは20世紀に入ってからである．すなわち，人類が未解決の食料問題に直面して，まだ100年も経っていないのである（注1）．

　まず，ここでは現時点における人類の栄養状態について概観する．すなわち，1人1日当たりの食料消費カロリー及び栄養不足人口についての現状とその予測についてである．

　それでは，21世紀初頭の現在，世界の食料分布はどのようになっているのか，世界の食料問題の諸相について描いてみよう．

　世界の食料問題とは，まず飢餓に苦しむ人がいる一方で，先進国などをはじめ飽食と呼ばれるほど食事には事欠かない人たちがこの地球上に同時に存在しているということである．1997年から1999年までの3か年平均で，開発途上国における1人1年当たりの食料消費は穀物が173kgであり，食肉（屠体重）は26kgであった．一方で先進工業国においては穀物は159kgと開発途上国よりも少ないくらいであったが，食肉は88kgと，開発途上国の3倍にも及んだ．途上国の人たちと先進国の人々では，食肉の消費量の差が大きいことが確認できる．

　世界全体で見れば1日1人当たり食料消費は著しく向上している（表1.1）．すなわち1960年代中頃の平均2,360kcalから1997-99年には2,800kcalへと増加している．世界平均の増加のほとんどが開発途上国における増加によるものである．開発途上国では1960年代は2,000kcalであっ

表 1.2 開発途上国における栄養不足人口

地域	人口（100万人）			人口割合（％）		
	1990–92	1997–99	2030	1990–92	1997–99	2030
開発途上地域全体	815	776	443	20	17	6
サハラ以南アフリカ	168	194	183	35	34	15
近東（北アフリカ含む）	156	186	183	8	9	5
ラテンアメリカ（カリブ海含む）	25	32	34	13	11	4
南アジア	289	303	119	26	24	6
東アジア	275	193	82	16	11	4

資料：FAO『FAO世界農業予測：2015–2030年　前編：世界の農業と食料確保』国際食糧農業協会（FAO協会），2003より作成．

たが1990年代には2,700 kcalと大きく増加した．地域別の状況を見ると，1人当たり食料消費が向上しなかった唯一の地域はナイジェリアを除くサハラ以南アフリカである．

一方で，世界の栄養不足人口はどうであろうか．FAOでは，1990年代後半において開発途上国の栄養不足人口は7億7,600万人（人口の17％）であったと推定している．開発途上国における1990年代前半の栄養不足人口8億1,500万人（人口の20％）と比較すれば，絶対的な人口においても割合においても減少したことがわかる．地域別では，東アジアにおいては栄養不足人口は大きく減少したが，サハラ以南アフリカと南アジアにおいては絶対数で増加している．

今後世界の栄養不足人口はどうなると推測されるのだろうか．FAOでは2030年までには摂取カロリーの世界平均値は3,000 kcalを超え，1人当たりの食料消費は著しく改善されると予測している．これらの世界平均の向上は開発途上国における消費が増加することによるものである．

栄養不足人口は緩やかに減少すると予測されている．すなわち，1997–99年の7億7,600万人（人口の17％）から2030年には4億4,000万人（6％）に減少するとされている．

栄養不足人口がなかなか減少しないのは，その割合が低下したとしても特に途上国の人口が絶対的に増加するため，栄養不足人口の絶対数も

減少するとは限らないからである．開発途上国の人口は1997–99年の45億5,000万人から2015年には58億人，2030年には68億4,000万人へと増加するとみられている．

問題は開発途上国における人口増加に対して食料生産が伸び続けることができるかどうかにかかっているといえる．そこで，次節以降では人口と食料の生産について見る．

1.2　世界の食料需要

世界の穀物価格は小さな変動は存在したものの，1970年代の石油ショックを除けば傾向的に低下してきた（注2）．このことは20世紀は人口爆発と呼ばれるほど世界人口が増加し食料需要が増加したものの，それを上回る速度で食料生産が増加したことを示している．今後の穀物価格については国際食糧政策研究所（IFPRI：International Food Policy Research Institute）の予測によれば，世界市場における穀物の実質価格は1997年から2020年にかけて，約10％低下すると見込んでいる．

食料の価格は食料の需要と供給によって決定される．それを見るために，この節と次節では世界の食料需要と供給について考える．

食料需要の増加を決める要因は人口の増加と1人当たり所得の増加である（注3）．人口の増加はそれとほぼ比例して食料需要の増加をもたらす．

最新の国連世界人口推計によると，世界の人口は増加しているが，その増加率は急激に鈍化する可能性があるという．1950年に25億人であった世界人口は2000年に60億人と，この半世紀の間に2.4倍にもなった．しかし，国連の2004年の中位推計によると世界の人口は，2050年には91億人となることが予想されており，2000年から2050年の50年間では1.5倍になる．人口を先進地域と発展途上地域で見てみると，先進地域は2000年から2050年にかけてほとんど増加しないが，発展途

表1.3 世界の人口予測（千人）

	世界全域	先進地域	発展途上地域
1950年（A）	2,519,470	812,772	1,706,698
1975年	4,073,740	1,047,196	3,026,543
2000年（B）	6,085,572	1,193,354	4,892,218
2050年（C）	9,075,903	1,236,200	7,839,702
B/A	2.4	1.5	2.9
C/B	1.5	1.0	1.6

上国では1.6倍になると推測されており，世界人口の増加がほとんど発展途上国によるものであることがわかる．しかし，その増加率も徐々に低下していくと推測されている（表1.3）．

一方，1人当たりの所得（GDP）については，世界全体では1997–99年から2015年にかけて2.3％の増加が予測されている．先進国では2.6％，2015～2030年は2.8％であるが，発展途上国では1997–99年から2015年にかけては3.7％，2015年から2030年までは4.4％と予測されている．すなわち，人口増加のみならず発展途上国での1人当たりのGDPが先進国よりも増加率が大きいことにより，発展途上国での食料消費が今後増加することは間違いないであろう．

1人当たりの所得増による食料需要への影響としては，1人当たりの摂取カロリー増と穀物から畜産製品（肉や乳製品）へのシフトが考えられる．途上国と先進国の1人当たりの摂取カロリーの中身を見ると，先進国での畜産物からの摂取カロリーが3割程度であるのに対して途上国では1割程度に過ぎない．所得が増加することで畜産物の割合が増加するのは，畜産物は美味であるし栄養的にも優れているからである．畜産物1kgを生産するのに必要な穀物量は，牛肉では11kg，豚肉では4kg，鶏肉では4kgである（注4）．畜産物を摂取することで穀物をそのまま摂取する以上の穀物を消費していることになるのである．すなわち，畜産物を生産するために穀物を使用することでより多くの穀物が必要となるのである．

また，レスター・ブラウンは「ジャパン・シンドローム」という現象を指摘している (注5)．これは，工業化が進む国では，穀物消費量の増加，生産量の減少にともない穀物輸入の増加に転じるという現象である．この現象は日本はもちろん，台湾，韓国においても確認できると述べている．日本，台湾，韓国においては土地が狭小であり，経済発展による1人当たりの穀物消費量の増加は輸入無くしてはまかなえない．しかし，この現象は中国にもあてはまるとブラウンは述べている．さらに，インド，インドネシア，バングラデシュ，パキスタン，エジプト，メキシコといった国でも今後輸入が増加すると指摘している．その可能性は食料増産の可能性如何にかかっているだろう．そこで，次に食料増産の可能性について考える．

1.3　食料生産の可能性と課題

1.3.1　途上国における食料生産

　前節でも確認したように，今後食料需要が大きく増加するのは途上国である．また，世界における人口増加のほとんどは途上国の人口増加であるし，1人当たりの食料需要に影響する1人当たり所得も途上国の方が増加率が高かった．それでは，食料供給についてはどのように考えればよいのだろうか．

　よく世界の食料問題を考える上で引き合いに出されるのが1人当たりの穀物生産量である．図1.1は世界の穀物生産量と開発途上国の穀物生産量の推移を示したものである．これを見ると確かに世界の穀物生産量は1990年代の後半以降は横ばいとなっている．しかし，これはすでに1人当たりの穀物生産が十分に満たされている先進国の生産量が横ばいだからである．今後も人口とともに所得の増加により穀物の消費量が増加する懸念がある途上国の1人当たり穀物生産量は確実に増加しているのが確認できる．

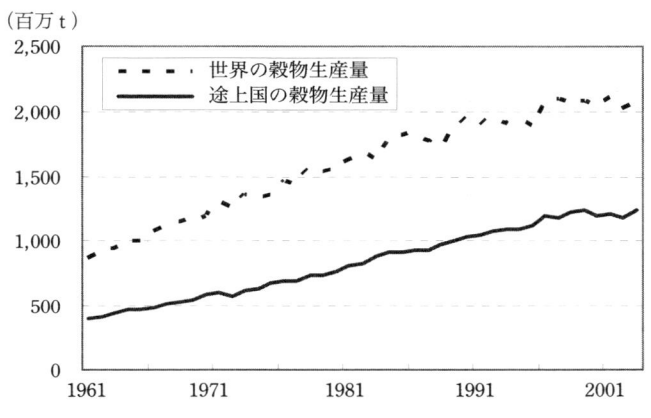

図 1.1 世界と途上国の穀物生産量の推移
資料：FAOSTAT より作成.

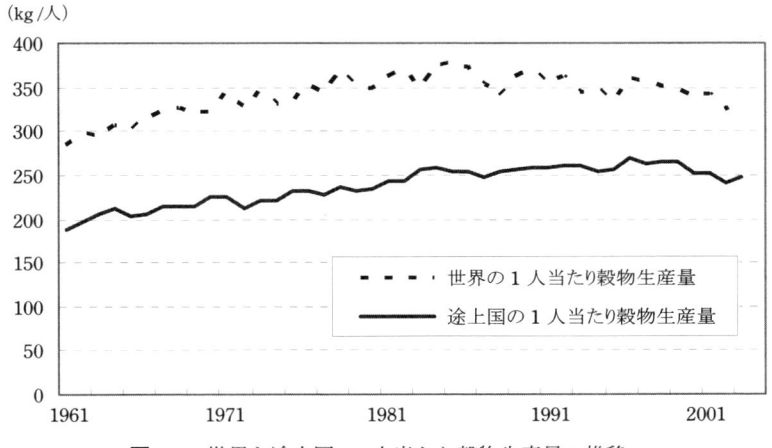

図 1.2 世界と途上国の1人当たり穀物生産量の推移
資料：FAOSTAT より作成.

図1.2は1人当たりの穀物生産を世界，途上国で見たものである．これによると，急激に人口が増加している途上国でも1人当たりの穀物生産が横ばいであることがわかる．このように穀物の生産が重要であるのは，世界全体でというよりもむしろ途上国の今後の穀物生産がどうなる

のかを確認する必要があるからである．

　これまで見たように，途上国の穀物生産量は人口増加に対して順調に伸びてきていることがわかる．ただし，このような途上国の1人当たりの食料生産がこれからも続くことに関しては，懐疑的な見方もある．そこで，以下では特に途上国の食料生産の可能性について見ていく．

1.3.2　世界の穀物生産（食料供給）

　世界の食料供給は3つの要因による（FAO）．すなわち，①耕地の拡大，②作付集約度の増加（多毛作化とより短い休閑期間）と収穫面積の拡大，③単収増，の3つである（注6）．

　開発途上国の作物生産の成長予測の約80％は単収増（68％）と作付集約度の増加（12％）という形での集約化からきている．こういった集約化の割合は90％にも及ぶと見込まれている．この3つの要因について，1961年から1999年までの途上国について見ると，耕地の拡大は23％，作付集約度の増加は6％，単収増が71％と，7割が単収増によるものであった．1997-99年から2030年にかけての予測もそれほど変わらず，67％が単収増によるものと予測されている．このようにこれまでも，あるいはこれからも作物生産の多くは単収増によることが確認できる．これは品種改良や化学肥料の多投などの土地節約的技術の進歩によるところが大きい．

1.3.3　食料生産と土地

　現在，地球の地表面（134億ha）のうち約11％（15億ha）が農耕地及び永年作物用地として作物生産に使用されている．この面積はある程度作物生産に適していると見なされている土地の3分の1（36％）をわずかに上回っている．作物生産の可能性のある約27億haが残っているという事実は，さらに農地拡大の可能性があるということを示唆している．しかし少なくとも一部には，耕作に向ける土地は全くない，あるいは限ら

れているという理解もある．

　ここ数十年間の土地に関する最も重要な環境問題は，森林の減少，及び土地利用の強化，特にそれによる土地劣化である．しかし，土地劣化の将来傾向についてはなお幅広い様々な見解があり，確固とした見通しがないのが現状である（注7）．

1.3.4　作付集約度の増加

　ブラウンは，単収増加はこれ以上望めないことを指摘し，その代わりに作付集約度の増加が，水の生産性（水単位容量当たりの穀物生産量）の向上とともに今後食料増産の重要な要因と指摘している（注8）．FAOも，今後も開発途上国の食料の増産は単収の伸びと多毛作化，農閑期間の短縮による集約化が要因になると述べている（注9）．作付集約度の増加が食料増産の重要な要因であることについては，食料増産の楽観論者と悲観論者の間に共通の認識があるといえる．

1.3.5　単　収　の　増　加

　穀物の単収増加の可能性について，開発途上国の間ですら小麦の単収が上位10％の国と比較して下位10％の国では5分の1未満と較差のあることから，このギャップの理由が農業環境生態系以外の「開発できる単収較差」（管理技術や栽培慣行など）である場合は，この較差は適切な技術移転により埋められるとしている（注10）．

　肥料の消費量は，1979－81年の開発途上地域においては1ha当たり49kgでしかなかったのが，1997－99年には89kgへとほぼ倍増した．これが2030年には1997－99年の先進工業国と同じ水準の111kgにまで増加すると予測されている．ただ，肥料の使用量の増加率は低下するだろうとみられている．それは灌漑の拡大が緩慢化しているためである．しかし，肥料の効率的な利用技術が普及することにより，環境への配慮も含めて使用量の増加が抑えられると考えられている．

ただ，肥料の使用量が増加したとしても，先進国で新品種が開発されない限り，途上国の農業生産は停滞してしまうといわれている．途上国で使用される品種の多くは先進国で開発されたものが技術移転されたものだからである．現にアメリカや日本などの世界でもトップの単収が最近において横ばいであることを指摘して，そのようなことがいわれている．

そのような悲観論の代表はレスター・ブラウンである．これ以上の単収増加は望めないと予測している．その根拠は，これまでアジアの途上国の国々では先進国の技術移転をすることで単収の向上を図ってきた．しかし，近年，先進国の単収の増加を見ると横ばい，ないし下降しているため，いずれ途上国の単収の増加も頭打ちになるというものである．それに代わる方法としてあげているのが，多毛作すなわち作付集約度の増加と水の生産性の向上である．

新名によると，アメリカでさえ，実際の収穫量は条件を整えて栽培された場合と比較して，4分の1以下の22％であるという．また，開発途上国では，さらに低く10％以下であるという（注11）．農地で植物が受ける環境ストレス（夏の高温，冬の低温，干ばつ，洪水，紫外線，煙害，ウイルス，害虫など）を，アメリカでは78％を56％に，開発途上国での90％を80％に減少させることができれば，食料生産は倍増するという．ストレス耐性植物をつくるには遺伝子組換え技術によるが，このような環境ストレス耐性の作物を開発することで増産は可能だと述べている．

また，FAOは，これらの技術は生産性の向上のためにも開発途上国にとっては重要であることを指摘している．

1.3.6　中国の食糧需給に関する見解

最後に，今後世界の食料問題に大きな影響を及ぼすといわれている中国の食糧需要，供給について考える．

中国は現在10％前後の経済成長率を達成しており，急激な経済成長

を遂げている．多くの人口を抱え，経済発展を遂げている中国の食糧需給動向は世界の食料問題，特に穀物市場にも大きな影響を与えることの存否は広く議論されている．ここでは中国の食糧需給の今後に関する論点について，それぞれの主張を簡単にまとめるだけにとどめる．

先に指摘したように，ブラウンは中国においても「ジャパン・シンドローム」が起こることを予測している．「ジャパン・シンドローム」とは，急速な工業化が始まる時点で人口がすでに過密状態にある国では，穀物輸入に大きく依存するようになる現象のことをいう．しかしながら穀物作付面積は，①農地が非農業用途に転用される，②穀物が付加価値の高い青果物に取って代わられる，③農業労働者が都市へ流出して二毛作・二期作が衰退するという3つの傾向によって，比較的短期間で減少し始める．作付面積の減少に伴い，穀物生産量も減っていく．

これ以外にも中国は，穀物作付地を奪う砂漠の拡大と穀物減収の原因である水不足の拡大をかかえているため，いっそう厳しい状況にあると述べている．

穀物の値上がりによって一時的に増産がもたらされても，持続的には「ジャパン・シンドローム」と同じ状況になる．米・小麦の政策による支持価格引上げがインセンティブとなり，増産もありうると指摘したすぐ後で，かつてのようにはいかないと述べている．今後は，「農業」「水の価格付け」「土地所有制の改革」「砂漠化防止」「交通システム」の分野で，政策を進めていくことが必要としている．水の価格付けと灌漑投資による効率的利用についても指摘している．

一方，バーツラフ・スミルは，中国の今後の課題として，世界最大の人口の扶養，農用地がますます狭くなっていること，農業生態系の状況悪化の3つをあげている（注12）．今後，1人当たりの所得の上昇により動物性食品の需要が増加するだろう．しかし，中国の支配的栄養摂取パターンを時間をかけてゆっくりと調整するのであれば，環境サービスの向上と供給能力との調和を保つことができる．中国の長期的な食料増産

のカギは，水と肥料の非効率的な使用であり，その解決のためには農業生態系の管理方法の改善，適切な価格の設定，研究に対する投資をあげている（注13）．また，中国はモノカルチャー（単一栽培）は意識して禁止されており，多様な作物を栽培していることを考えれば，作物増産のリスクはブラウンが指摘するほど大きくはないとの指摘もある（注14）．中国には収穫の改善，損失の軽減，需要の管理の大きな余地が存在しているため，今後とも自国民を扶養することは可能であり，世界市場の攪乱要因とはならないと結論づけている．

　このように中国に関する食糧需給の見方にも，世界の食料問題と同じように楽観論と悲観論が存在する．楽観論が示すように市場メカニズムによる希少資源を節約するような技術進歩（注15）が促されることで，中国の食糧需給はそれほど驚異にはならないのではないだろうか．

【注】（[ ]内の数字は参考文献番号）
1. サックス [1] pp.71-72 を参照した．
2. 速水，神門 [5] p.304，ロンボルグ [6] p.112 を参照した．
3. 速水，神門 [5] p.3 を参照した．
4. 時子山，荏開津 [9] p.35 を参照した．
5. ブラウン [8] pp.17-26 を参照した．
6. FAO [3] p.212 を参照した．
7. FAO [3] pp.215-216 を参照した．
8. ブラウン [8] pp.173-182 を参照した．
9. FAO [3] p.237 を参照した．
10. FAO [3] pp.239-243 を参照した．
11. 新名 [2] pp.74-75 を参照した．
12. スミル [4] p.314 を参照した．
13. スミル [4] pp.332-335 を参照した．
14. ミッチェル他 [7] p.240 を参照した．このことはスミルも指摘している（スミル [4] pp.334-335）．
15. 市場メカニズムにより相対的に希少な生産要素の価格は上昇し，相対的に豊富となった生産要素の価格は低下する．価格が相対的に上昇した生産要素の

投入を節約し，価格の低下した要素の使用を促進するような技術進歩は誘発的技術進歩という．

参 考 文 献

1) ジェフリー・サックス：貧困の終焉，早川書房（2006）
2) 新名惇彦：植物力，新潮社（2006）
3) FAO：FAO 世界農業予測：2015-2030 年　前編：世界の農業と食料確保，国際食糧農業協会（FAO 協会）（2003）
4) バーツラフ・スミル：世界を養う，農文協（2003）
5) 速水佑次郎，神門善久：農業経済論，新版，岩波書店（2002）
6) ビョルン・ロンボルグ：環境危機をあおってはいけない，文藝春秋（2003）
7) ミッチェル，インコ，ダンカン：世界食料の展望，農林統計協会（1999）
8) レスター・ブラウン：フード・セキュリティー，ワールドウォッチジャパン（2005）
9) 時子山ひろみ，荏開津典生：フードシステムの経済学，第 3 版，医歯薬出版（2005）

（紺屋直樹）

2. 食料自給率と国際農産物貿易

2.1 はじめに

　作家の坂口安吾によれば（注1），明治のはじめ，まだキリスト教は禁教であり，なおかつ，廃仏毀釈（はいぶつきしゃく）運動の下，神道以外は認められなかった時代には，日本のキリスト教徒たちは江戸時代と変わらない弾圧にあった．しかし，いかなる拷問にあっても棄教しない彼らが，たわいもなく何百人と，一時に棄教を申し出るという思わぬことが起こった．原因は，空腹に堪えかねたこと．逮捕された彼らには「正確に1人1日あたり3合」が配給されていたという．信仰を捨てたのは，役人が躍起となって行っていた拷問などではなく，日に3合（450g）という，役人にとっては規定どおりの食糧配給によってであった．安吾の文章は，終戦直後の米の配給量が2合5勺（375g）であったことに対する揶揄（やゆ）を意図して表されたものだが，それにしても今から考えれば，1日3合も食べながら，どこが苦痛なのかと考えてしまう．しかし，当時の信者にとっては信仰を守るよりもつらい分量だったのだ．

　イメージを形作るために戦前の食生活について，もう1つの例を挙げよう．宮沢賢治の「雨ニモマケズ」の中の一節である．

　　一日ニ玄米四合ト／味噌ト少シノ野菜ヲタベ……

　玄米4合という量は，先の安吾の例よりも多いが，農民であることを志した賢治の日々の労働量からすれば当然か，あるいは控え目に表現したものかもしれない．もし，そうであれば，現実の米の消費量はもっと

多かったと考えられる．この詩で示された食の形は，東北の花巻という地域に限定される可能性はあるにせよ，賢治の死の直前のメモに残されていたものだから，少なくとも昭和の初めの農家のものといえるだろう．

いずれにしても，戦前の庶民にあっては，このように，米をはじめとする穀物を大量に摂取して，かつ，そうした生活以外考えられず，米なくして日々の食生活は成り立たなかった．我々がまず，現在の食料自給率を考えるにあたって前提に置かなくてはならないのは，戦前の食生活がこのように今日の食生活と全く異なる状況にあったことである．戦前の日々の食生活は，米をはじめとする穀物の摂取に圧倒的に依存をし，かつ，国民自身もそうあることが不可欠であると考えていた時代だった．

今日の食生活は，このような戦前の食事から大きく飛躍する．本章はこうした飛躍がどのようにしてもたらされ，これからどこに向かうのかを示すことを目的とする．

2.2　食料自給率の変化

2.2.1　摂取カロリーから見た戦前・戦後の食生活の変化

まず，この70年間で食生活がどのように変化したか，摂取カロリーの変化から見てみることにしよう．図2.1は，1930年から2000年までの農林水産物別のカロリー摂取量の推移を示している．これによれば，1930年は，米で61.0％，小麦雑穀も加えた穀類全体で73.2％と，摂取カロリーの4分の3程度である．いも類や豆類を加えた，いわゆる食糧では80.9％となる．その次に砂糖で7.1％と大きく，野菜・果実や魚介類，みそ・しょうゆが残りの大部分を占める．肉類・鶏卵・牛乳及び乳製品は，これらすべてを足し合わせても0.9％にすぎず，油脂も同程度の1.0％である．

このような構成比は，戦後，大きく変化した．図からも分かるように，特に米の消費量の落ち込みが著しい．1950年の消費量の減少は，先の

2.2 食料自給率の変化

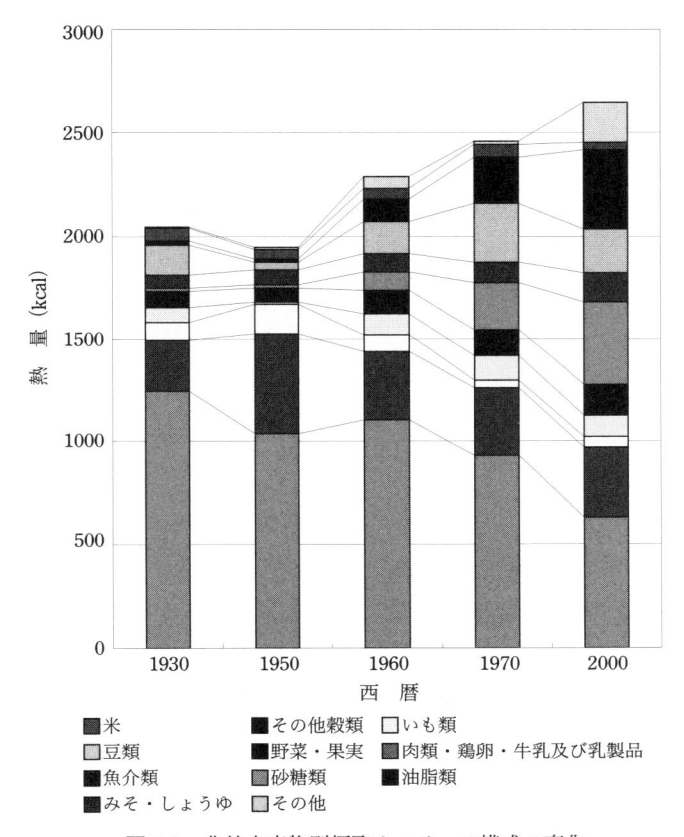

図2.1 農林水産物別摂取カロリーの構成の変化

凡例: ■米　■その他穀類　□いも類　□豆類　■野菜・果実　■肉類・鶏卵・牛乳及び乳製品　■魚介類　■砂糖類　■油脂類　■みそ・しょうゆ　□その他

坂口安吾の文章にも指摘されているように，配給量が少なかったせいであるが，その後の農業生産力の奇跡的な上昇に伴ってその消費量は，1960年には1,105.5 kcalと1930年の1,248 kcalに近づいた．しかし，そうした消費量の上昇も1962年にピーク（年間118.3 kg）を示した後，急激に減少を続け，2000年には630.3 kcalと戦前の半分近い水準にまで減少している．

1930年と2000年の摂取カロリーの変化における寄与度を示したものが表2.1である．この70年間に，摂取カロリーは29.3％上昇しているが，

表 2.1 摂取カロリーの 1930〜2000 年の変化の寄与度

農林水産物品目	寄与度
米	−30.2
その他穀類	4.5
いも類	−1.8
豆類	1.7
野菜・果実	3.5
肉類・鶏卵・牛乳及び乳製品	19.0
魚介類	3.6
砂糖類	3.3
油脂類	17.8
みそ・しょうゆ	−1.0
その他	9.0
合　計	29.3

その上昇量に対し，米の寄与度は−30.2％である．この両者の差 59.5％を埋めたのは，肉類・鶏卵・牛乳及び乳製品など畜産物と油脂であり，それぞれ 19.0％，17.8％である．パンやめん類の原料となる小麦や大麦などのその他穀類は 4.5％の増加であり，野菜・果実，砂糖類，魚介類と同程度の伸びにすぎない．なお，経済発展に伴い，砂糖類の著しい伸びを示す国もあるが，日本ではそれほど伸びなかった．

　このように，戦前と現在の食生活を摂取カロリーで比較すると，米の消費カロリーが減少し，それを相殺してなお増加をもたらした畜産物及び油脂類の消費カロリーが大幅に上昇することによって，現在の摂取カロリーの構成が形成された．このことは，現在の食生活が，米だけを食べていた戦前型食生活とは著しく異なっていることを示している．

　次に，こうした食生活の変化を PFC バランスの変化で見ることにしよう．PFC バランスとは，摂取カロリーを P（タンパク質），F（脂肪），C（炭水化物）それぞれに分解したときの構成比をいう．図 2.2 は，その推移を示している．統計の制約により 1960 年以降の動きしか示されていないが，1960 年は，戦前よりも，先に述べた傾向が進んでいたと考えられる．その 1960 年時点から見てみても，1985 年までは脂肪の割合が一定のスピードで拡大していることがわかる．しかし，1985 年に少し減ったのを契機に，拡大の傾向は緩やかになり，近年では横ばいに推移している．

　このような変化は，1970 年代後半からの日本型食生活についての一

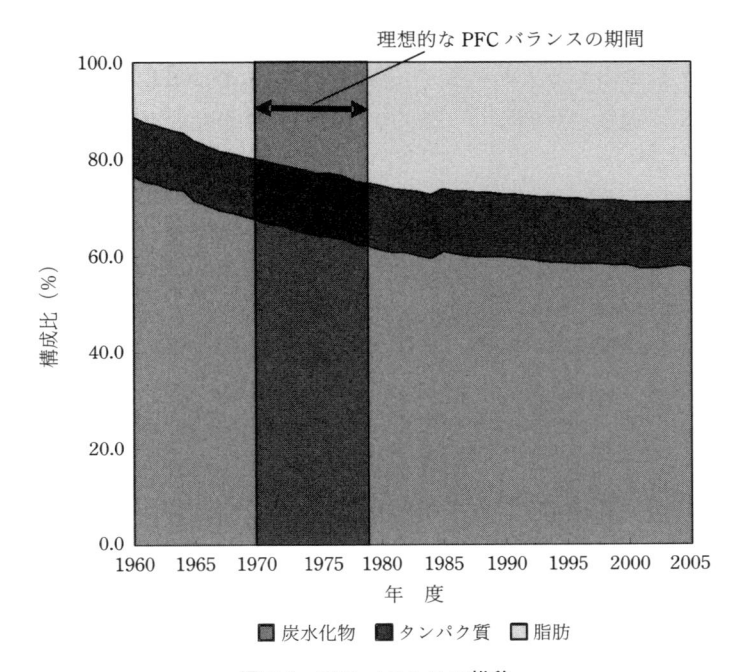

図 2.2 PFC バランスの推移

注）理想的な PFC バランスとは，炭水化物 60〜68 %，タンパク質 12〜15 %，脂質 20〜25 % とされている．本図では，これらの範囲の上限を「程度」と考え，仮にその値が 68 % であれば 68.5 % 未満と解釈し，すべてが満たされている期間を理想的な PFC バランス期間として示した．なお，カロリーの算出には，タンパク質 1 g を 4 kcal，脂質 1 g を 9 kcal として，総カロリーよりタンパク質，脂質を差し引くことによって炭水化物のカロリーを求めた．

資料：農林水産省『平成 16 年度食料需給表』農林統計協会，2006．ただし，2005 年度は速報値を使用．

連の見直しと大いに関係すると思われる[2]．特に 1985 年の厚生省による「健康づくりのための食生活指針」の公表は，その取組みを農業サイドに限定せず，全国民的な取組みにまで拡大することとなった．

　一方，炭水化物は，脂肪の割合の拡大に伴ってその割合を低下させている．タンパク質は，脂肪や炭水化物の動きと異なり，1960 年から現在に至るまで微増しているが，それほど大きな変化ではない．

また，図2.2から日本におけるPFCバランスの理想的期間は，1970年代であったことがみてとれる．しかし，その状態は決して安定したものではなく，過去の経過から一時的に良好な状態を示した期間であった．

2.2.2　各種の食料自給率

こうした食料消費の変化は，食料の自給率にも影響を及ぼした．まず，現在の食料自給率について見ることにしよう．

個々の農産物の自給率は，重量で量られ，その重さによって計算される（重量ベースの個別農産物自給率）．個々の農産物の中でも，戦前の食生活は穀物が中心であり戦後になってもその傾向は依然維持されたから，飼料用ではない米，小麦，大麦，裸麦といった穀物を総合して「主食用穀物自給率」が計算された．一方，戦後の穀物需要は，人が直接食べるだけでなく，畜産業に供せられ間接的に食べる穀物，すなわち飼料用穀物の消費も大幅に拡大した．そのため，飼料を含めた穀物の自給率が「飼料を含む穀物全体の自給率」として示されている．わが国の畜産業は，片足を海外に置いているといわれるほど，海外からの輸入に依存しており，主食用穀物自給率に比べて著しく低い．

重量ベースの食料自給率は，穀物のようにお互い似た種類については合計することが可能であるが，例えば穀物と野菜では重量を足し合わせても意味はない．そこで，各食料を熱量（カロリー）という食料共通の物差しに換算して異なった食料を合計した自給率が計算される．これが，現在最も頻繁に使われるカロリーベースの食料自給率で，「供給熱量総合食料自給率」と呼ばれる．これは，国内で生産される食料によってどの程度国民のエネルギーがまかなわれているかを示す指標である．

また，個々の食料を金額（生産額）に換算して，いわば経済価値によって自給率を計算したものが，金額ベースの食料自給率である．当該食料生産のために投下された労働量の自給度合いを示す．

図2.3は，1965年以降の各食料自給率の変化を示したものである．最

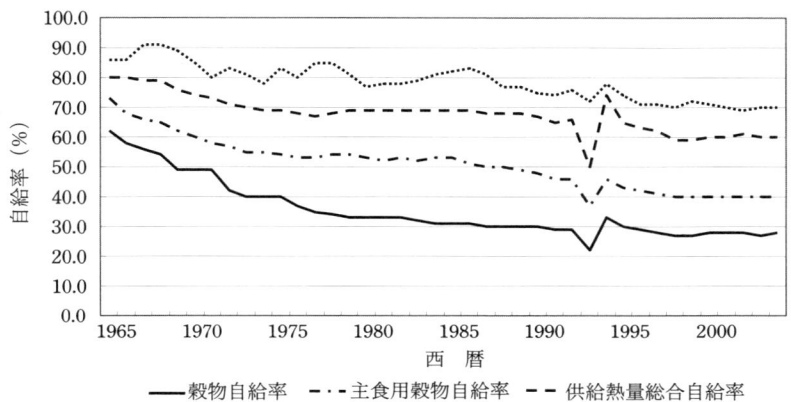

図 2.3 各種食料自給率の推移
資料：農林水産省総合食料局食料企画課『我が国の食料自給率とその向上に向けて―食料自給率レポート―』（平成 18 年 3 月）

も高い値を示すのは，金額ベースの食料自給率であり，国内農業労働によって付加価値を付けた農産物が国内で生産される傾向にあることがわかる．特に安価な輸入飼料を用いて高価値な生産物をつくる畜産業はこのような生産の典型である．金額ベースの食料自給率は，1965 年では 86％であったものが向上し，1967 年及び 1968 年には 91％にまで達したものの，それ以降は減少に向かい，2004 年には 70％にまで低下している．最も低いのは，飼料用穀物も含めた穀物自給率であり，1965 年には 62％あった自給率もその後は減少の一途で，2004 年には 28％にまで低下した．一方，主食用穀物自給率は，米がほぼ 100％の国内自給率を達成していたことから，金額ベースに次ぐ自給率の高さを示している．しかし，それも 1965 年に 80％であったものが，その後は減少の一途をたどり，2004 年には 60％にまで低下している．また，供給熱量総合自給率（カロリーベースの自給率）でも，1965 年には 73％であったが 2004 年には 40％にまで低下の一途である．このように，農産物価格と関係する金額ベースの自給率を除いて，重量及びカロリーベースの食料自給率

が低下の一途を示したことは，日本人が国内で生産された食料を食べなくなったことを意味している．また，カロリーベースの食料自給率と金額ベースの食料自給率の差をみたとき，1965年で13％，2004年では30％と差が拡大している．このことは，この間に，多くのカロリーを海外から安価に購入する傾向が拡大したことを意味している．すなわち，日本の農業は高付加価値の農業生産にシフトし，低付加価値の農産物は海外からの輸入に依存する傾向が拡大したことがわかる．

2.2.3 食料自給率低下の要因

先に，1日当たりの摂取カロリーベースで戦前と今日を比較した場合，米の消費の著しい減少と，それを相殺してあまりある畜産物及び油脂類の消費量の増大について指摘した．そのことは戦後の1965年と2003年とを比較した場合にもなお当てはまる．敗戦後20年の1965年は既に高度成長も後半に突入していた．カロリーベースの食料自給率で，1965年には全体で73％であったものが，2003年では40％にまで減少している（注2）．このような食料自給率の違いは，両者の食生活に大きな隔たりがあることを示している．

このような食料自給率の大幅な減少は，供給者としての農家が，消費者ニーズ（商品種，価格，数量）に合った供給ができなかった（あるいは，できなくなった）ことでもある．つまり，その農産物価格が労働賃金を含めた生産コストを下回ったため，生産が行われなくなった（生産しなかった）のであり，その結果，耕地の利用の頻度が低下したり農地面積が減少したりすることとなった．その原因には，高度成長期以降，労賃をはじめとする投入財価格が上昇したことや，農産物貿易の自由化が進む一方で変動為替制度に移行し（1973年），急速な円高によって輸入農産物価格が国内価格に比べて安価になったことが挙げられる．図2.4は，1960年を100としたときの農産物輸入額を円で表示したもの（円ベース）とドルに換算したもの（ドルベース）の推移を示したものである．円高進

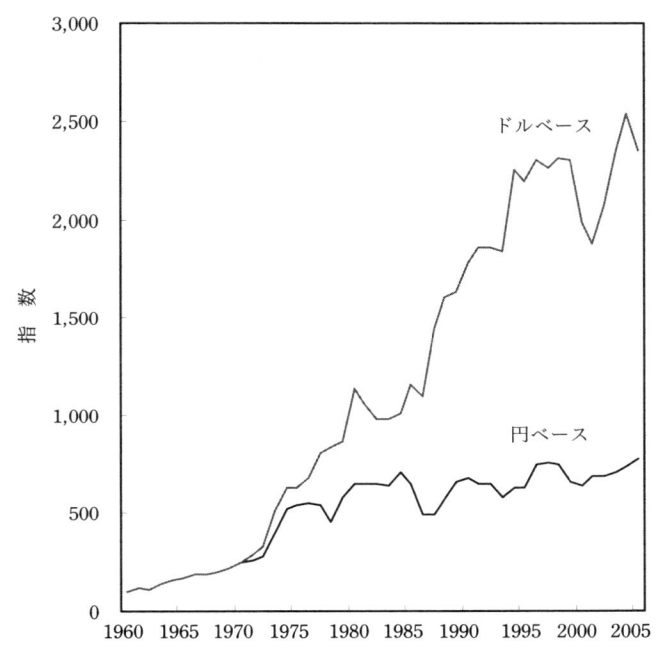

図 2.4 農産物食料輸入額指数（ドル及び円ベース）の推移
（1960年＝100）

資料：農林水産省官房情報課編『食料・農業・農村白書　参考統計表　平成18年度版』農林統計協会（2006）

行のため1970年代初めより急速に両者の差が大きくなっていることがわかる．円ベースでは，1960年と2005年を比べると農産物の輸入量は約8倍に増えているが，ドルベースでは同時期約23.5倍にも増えている．

　農家にとって需要の増加がいくら見込まれても，国際農産物との競争に曝され，その上，円高の進行が見込まれることや，新しい生産技術の習得など多くの困難があり，新しい農産物に自発的に挑戦し転換することは難しく，多くの農家は，まだ大きな需要のある伝統的な農産物の生産の継続に活路を求めた．

　戦後の長期間にわたる食料自給率の変化をより明確に理解するには，

供給側のみならず需要側の変化も理解する必要がある．戦後，農業技術革新によって生産性が飛躍的に向上し，金融制度や補助金など行政的なバックアップが農家に与えられ，農業生産にとって好条件な環境が整えられたにもかかわらず，今日のような食料自給率の減少が発生したことの大きな原因は，その需要の変化にある．

この変化は，大きくとらえると食の欧米化といわれるような日本人の食生活の大きな変化である．米を大量に食べるという食生活から，畜産物や油脂類を摂取する食生活へと変化した．ところが，国内では廉価で十分な量を供給できなかった畜産物や油脂類は，多くを輸入に依存することとなり，食料自給率を低下させる大きな要因となった．すなわち，生産物そのものの輸入のみならず，畜産物のためには大量に飼料作物（トウモロコシなど）が必要であり，また，食用油やマーガリンなどの油脂類の生産には大量の油脂原料（大豆，ナタネなど）が必要であることから，その原料についても輸入に依存しているのである．

この結果，わが国は海外の農産物などの食料に依存することとなった．表2.2は，最終消費財としての料理の国内自給率を示したものである．ご飯（米）

表2.2 食品別国内自給率

調理品	国内自給率
ご飯	100
大根おろし	100
漬物	100
ふろふき大根	68
カレイの煮付け	60
サバの味噌煮	58
カツ丼	50
チャーハン	50
カレーライス	49
牛乳	42
きんぴら	40
かけそば	38
みそ汁（豆腐・油揚げ）	36
冷や奴	34
焼き鳥	27
カキフライ	20
コーヒー	19
鶏唐揚げ	17
お好み焼き（豚肉）	16
納豆	13
ハンバーグ	11
ミートスパゲッティ	8
豚肉の生姜焼き	7
サンドウイッチ（卵・ハム）	6
食パン	5
ラーメン	4

注）国内自給率の計算には農林水産省『食料自給率早見ソフト（平成15年版）』を用いた．

や大根おろし・漬物（野菜）のような日本の伝統的な食事（料理）は高い国内自給率を示している一方で，小麦，油脂，畜産物を用いた料理――いわゆる洋食や中華料理――は非常に低い国内自給率となっている．カレーライスで49％，鶏唐揚げで17％，食パンやラーメンに至っては，それぞれ5％，4％しかない．しかも，今日，そうした料理は特別なものではなく，我々にもっともなじみのある（人によっては大好物な）料理であり，そのような料理は自給率も低いことがこの表からわかるだろう．なお，日本の伝統的な料理であるはずのみそ汁，冷や奴，納豆は，原料となる大豆を輸入していることもあって自給率は低い．

2.2.4　嗜好変化の要因

　では，食生活がこのように変化した要因は何か．米の消費から考えてみよう．かつて，米の量を量る単位として「石（こく）」が用いられていた．これは，平均的な日本人が1年間に消費する米の量を単位としたものだといわれる．先に引用した坂口安吾の文章でキリシタンに獄吏が配給した米の量は，この単位によって計算されたものである．こうした食生活が崩れ出すのは1930年代後半の戦争経済への体制移行によるものであり，米の配給が行われるようになってからである．坂口安吾のいうように，配給水準は米の不足もあって，年間1石にも満たない1日2合5勺に，しかも遅配や代配によってそれさえ口にできなかったわけである．人々には米だけを食べていた食生活から，それに頼らない食生活にしなければならなかった．

　また，配給された米にも原因があった (注3)．戦後の米は（正確には戦時中から），米不足の中で嵩を確保するために精製度を低くし，玄米や七分づきのような形で配給が行われた．うまい米を食べるには，自分の家でぬかを落とす精製作業が必要があった．もちろん，ぬかにはビタミンB_2などの栄養素も含まれているが，いくら理屈はそうであってもまずいと感じることにはちがいなく，うまいものを食べたいというのは大多

数の人にとっては道理であった．その上，保存技術が発達していなかった当時にあっては，配給のために長期間保存されており，その間にぬかの酸化が進み，食味を著しく落とすこととなった．

　また，米不足から，アジア諸地域から米の輸入が行われた．インディカ米は戦前から不人気であったが，戦後は，しかし，食糧事情から止むを得ず配給に供せられてきたわけである．

　さらに，栄養政策としての食生活指導があったこともそうした変化を補強するものであった．すなわち，米ばかりを食べる食生活を抑制し，米以外のものも食べる欧米型などの食生活への変化を普及・促進した．1950年代後半のキッチンカーなどによる食生活改善活動はそうしたことの一環であった．米の不足した戦時中より，野菜食——特に嵩が減らず腹の足しになるサラダ——が奨励されたことに加え，欧米の料理や中華料理など油を多用し，肉や乳製品を食する生活の推進がなされ，その結果，米以外の皿，すなわち，おかずの食事における比重が高まることとなった．しかも，そうした農産物の供給は，当時の伝統的な農業生産活動からは，数量的にも，疲弊した国民の購買力（価格）の点においても困難であり，国際市場から調達できる安価な輸入農産物に頼る結果となった．また，高価な農産物や調味料については，安価な代替食品によって供給されるような技術革新も行われ，新しい食生活への受容を容易にしていった．

　米への嗜好は人によって程度の差はあるにせよ，こうした事情に長期間曝されることによって，消費者，特に配給に頼る都市生活者において，米よりも他の食品を食べるという選択が自発的に行われるようになった．そして，カロリーベースでの戦後の摂取量の変化からわかるように，小麦食が決定的に米に置き換わるという主食の交代ではなく，米は油や畜産物に置き換わったのである．容易には変化しないはずの食の嗜好が，戦後の日本で，しかも全国規模で短期間に発生し，米が十分に供給されるようになったときですら元に戻ることはなかった．

こうした食生活の変化を助長したものとして，学校給食も重要な役割を果たした．学校給食は，子供の嗜好の変化を徐々に促した．学校給食自体は，戦後の食糧事情により欠食する児童に対する福祉的な観点から始められたものであるが，その内容は，パンとミルクを基礎とするものであった．米は食糧不足の状況から提供することは無理であり，手に入る輸入小麦とララ（アジア救済連盟）提供によるスキム・ミルクから始まるわけである．都市を中心とした実施であったから，家庭での米の消費を減らすことも間接的なねらいであったかもしれない．また，伝統的な家父長型家庭では，家父長への食事が優先され，子供への食事があとに割り当てられることによる欠食も給食を必要とした理由として考えられる．いずれにしても，学校給食は，子供に対し食の嗜好を変える試みがなされ，伝統的な米嗜好とは異なる方に彼らの嗜好を助長したものと考えられる．

2.2.5　「食糧」から「食料」へ

　これまで述べてきたことを踏まえると，「食糧」と「食料」という言葉の用い方には単なる語義以上の背景があることがわかるだろう．すなわち，「食糧」から「食料」に変化したことには，日本人の食生活が急激に変化したことが含意されている．「食糧」とは，それまで日本人が主食と考えてきた米をはじめとする穀物やいも類のことであり，それらが日本人の必要カロリーの大部分を供給してくれる欠くことのできない重要な農産物として，従来，国の政策の上でも格別に扱われてきた．一方，「食料」という言葉は，もちろん「食糧」に含まれる農産物もその一部ではあるが，それだけでは日本人の食生活をカバーできなくなったため，人が摂取する食べ物一般まで広げて，日本人の食生活の多様化に即応した言葉として用いられるようになったのである．

2.3 農産物貿易と国際交渉

このような食の嗜好の変化は,これまでの経過をみてきたように,従来,主食とされてきた食糧の不足の中で必死に代替的な食糧を模索した結果であった.

それ以後の日本農業にとって不幸であったのは,多くの国民に対して国内生産によって適切な食糧供給ができなかったことである.代替的な食糧が,従来の主食と同じ程度の満足が得られるよう国民自身で努力す

表 2.3 主な農産物の自由化の推移

年	農 産 物 品 目
1960	コーヒー豆,牛脂
1961	生鮮野菜,大豆
1962	そば,生糸
1963	バナナ,粗糖,コーヒー,はちみつ
1964	レモン,配合飼料用グレーンソルガム
｜	
1969	牛,ペットフード,ビートパルプ,ペレット
1970	マーガリン,ショートニング,ラミー,レモンジュース,ばれいしょの粉,グルテン及びその粉,でんぷん調整品,でんぷんかす
1971	ぶどう,マカロニ・スパゲッティ類,生鮮りんご,紅茶,冷凍パイナップル,グレープフルーツ,なたね,豚,豚肉,ソーセージ,糖蜜,砂糖菓子,チョコレート,マッシュポテト,スイートコーン,搾油用落花生,大豆油等植物油,大豆かす等油かす
1972	ハム,ベーコン,精製糖,トマトピューレ・ペースト,配合飼料
1973	炒った落花生
1974	麦芽
｜	
1989	プロセスチーズ,トマトケチャップ
1990	牛肉調整品,フルーツピューレ・ペースト,パイナップル調整品
1991	牛肉,オレンジ等
1992	オレンジジュース
1995	小麦,牛乳・乳製品,でんぷん,落花生
1999	米

資料:日本貿易振興会『農林水産物の貿易』(1971),戸田博愛『現代日本の農業政策』農林統計協会(1986),農林水産省統計情報部『第80次農林水産省統計表』(2006)

ることにより，わが国農業が従来供給してきた伝統的な食料・食品を用いない食生活を創造し，そして満足するものに彫琢(ちょうたく)していくことになった．その結果として，伝統的な食糧を供給し，需要を満たすための努力を行った農業は，そのような嗜好の変化から取り残されることになった．

　欧米の食生活を目指しながら，わが国農業では供給できない新しい農産物への需要は，欧米諸国を中心とした農産物の国際市場より安価に調達が可能であり，また，購買力のない国民にとってそれは好都合であった．そのため，日本の食料輸入量は，国際貿易の自由化とともに拡大することとなった．表2.3はこうして自由化された農産物の主要品目を示している．一連の貿易自由化の流れを振り返ってみよう．

2.3.1　農産物の輸入と国際交渉

　わが国の食料事情は，米の不作に加え，敗戦後の700万人ともいわれる海外からの日本人の本国帰還，海外植民地の喪失，また，さらには依然続いた連合国による経済封鎖によって，全く不足していた．海外からの大幅な食料輸入に頼らなければならない事態にあり，連合国の管理の下で輸入が行われたが，輸入農産物は安価である必要があった．1つには，外貨が乏しかったからである．戦後復興のためにはこの乏しい外貨を節約する必要があった．2つには，当時の高騰した農産物価格に対し，購買力の衰えた国民でも購入可能な価格で放出するためである．このように，わが国は戦後当初から安価な食料に依存せざるをえなかった．ただし，当時は戦前から続いた農業生産体制とともに，都市からの疎開者や海外からの帰還者，それに農村の二三男などを用いて開拓などによる食料増産政策がとられるような状況であり，食料自給率の向上が政策の主要な眼目であった時代でもあった．時代の風潮は，どちらかといえば，食料増産と食料自給率向上が意識されるものであった．

　そのような状況下で，それまで敗戦国として扱われた日本も1952年

に国際社会に復帰し，その経済が大きく発展するようになると，国際社会のルールと協調することが求められるようになる．自由貿易体制の維持のために，わが国も貿易の自由化（注4）が求められるようになった．

貿易の自由化

　わが国の国際貿易の自由化への本格的な取組みは，1960年6月に決定された貿易為替自由化計画大綱に始まる．これは，日本同様に敗戦国であった西ドイツを含むヨーロッパ主要8か国は1961年2月にIMF8条国に移行し，また，前年に行われたIMF（国際通貨基金）総会やGATTの東京総会において，米国をはじめ加盟諸国より強力に求められたことから，ついに自由化の方針を決定したものである．その結果，自由化率も1960年の41％から1963年には88％にまで上昇することとなった．また，このような自由化に備えて，関税品目のより詳細な国際的分類への変更や，関税率の引上げ，数量割当制度などの導入を行うなど農産物や繊維などへの保護政策が実施されることとなった．1964年には，ようやく日本のIMF8条国移行が決定された．IMF8条国とは，IMF協定第8条の義務を受け入れた国のことで，以後，国際収支の悪化を理由に為替制限が取れなくなった．また，この移行と同時に，GATTでも，日本は輸入制限のできる12条国から輸入制限が原則できない11条国に移行した．為替制限及び輸入制限がとれなくなることを受け入れることにより，1964年にようやくOECD（経済協力開発機構）への加盟を果たすことができ「先進国」として国際社会に認められることとなった．しかし，GATT11条国入りしたものの，依然他の先進国に比べて輸入制限品目の多かった日本は，ケネディ・ラウンド（注5）終了後のGATTにおいて，より一層の自由化が強く求められた．そこで1968年に更なる自由化を決め，1970〜74年の5年間で農産物49品目が自由化されることになった．残存輸入制限品目は1974年にはわずかに22品目にまで減少し，これ以降の自由化のスピードは非常に緩慢になった（図2.5）．また，この

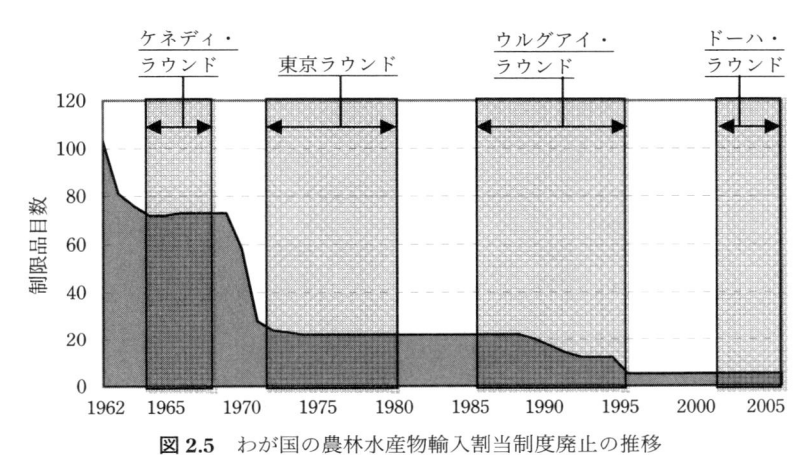

図 2.5 わが国の農林水産物輸入割当制度廃止の推移
資料：農林水産省統計情報部『第80次農林水産統計表 平成16〜17年』(2006)

ような農産物貿易の自由化に対し，価格政策などによる国内政策の整備が図られることとなった (注6)．

2.3.2 ウルグアイ・ラウンドと農政手法の変化

1986年にプンタ・デル・エステ宣言により開始されたウルグアイ・ラウンドは，そうした国内政策を含む農業全般が交渉の目玉として扱われることとなった．その背景には，1980年代初めにECと米国の間で行われた輸出補助金による苛烈な輸出競争によって国際市場がゆがめられ，そのことにオーストラリアなど他の農産物輸出国が反発したこと，あるいは，米国が農産物輸出拡大のために一層の市場自由化を求めていたことなどがあった．

当初，交渉期間が4年間の予定であったこのラウンドは，農業交渉のみならず，サービス貿易や知的所有権など，この交渉で新たに取り入れた分野もあり，また，参加国も123か国とそれまでのラウンドよりもさらに増加した（表2.4）．そのような多数国の利害調整の結果，1994年までの9年を要して，ようやく妥結することができた．

表 2.4 GATT/WTO の多角的貿易自由化交渉参加国数の推移

開催年	ラウンド名	参加国数
1947	第1回交渉	23
1949	第2回交渉	13
1951	第3回交渉	38
1956	第4回交渉	26
1960〜1961	ディロン・ラウンド	26
1964〜1967	ケネディ・ラウンド	62
1973〜1979	東京ラウンド	102
1986〜1994	ウルグアイ・ラウンド	123
2001〜	ドーハ開発アジェンダ	149

資料：経済産業省ホームページ（http://www.meti.go.jp/report/tsuhaku2006/2006honbun/html/i3151000.html　最終アクセス：2007.5.6）

　合意された農業に関する協定は大きく3つに分けられる．1つ目は補助金などの農産物生産への国内支持に関すること，2つ目は輸入数量制限や関税率などの国境措置に関すること，3つ目が輸出補助金に関することである．

　国内支持に関する削減は，内政による価格支持や補助金などの削減である．ウルグアイ・ラウンドにおいて初めて交渉されるもので，国内支持に関する総合的な数量（AMS）により示された数量より6年間で20％の削減が求められた．AMSは，いわば国際的な交渉の上で合意された国内支持の数量表現であって，内外価格差を元に決定されているが，その範囲と用い方においてPSE（34ページ参照）とは性格を異にしている．範囲とは，AMSに算入された政策の範囲であり，用い方とは，PSEが国際価格によって毎年変動するのに対して，AMSはウルグアイ・ラウンド交渉当初1986〜88年の国際価格に固定され，国内農業保護を削減するための基準として用いられている．AMSは客観的な保護量を示すのではなく，あくまで国際交渉で合意された基準として，保護削減のために作成されたものである．

　また，国内支持政策について，全く削減を要しない政策である「緑の

政策」，削減を要する「黄の政策」に分類された．米国とEUのための黄の政策であるが，緑の政策扱いをする「青の政策」という特別枠も後から設けられた．

2つ目の国境措置には，関税と非関税措置とがある．まず関税措置では，農産物全体で平均36％の削減で，さらに品目ごとに15％の削減が求められた．一方，輸入数量制限などの非関税措置は，原則として関税化し，関税と同様の削減が求められた．この関税化には例外として，数量制限も認められた．この場合，先進国では1995年の国内消費量の4％を最低限の輸入量として輸入が義務付けられ（ミニマム・アクセス），2000年までに8％に拡大することとされた．また，ミニマム・アクセス幅の拡大から関税化への変更（途中下車条項）も認められており，日本の米は，当初輸入数量制限を行う品目として，ミニマム・アクセスを受け入れたが，1999年に関税化に変更した．

3つ目の輸出補助金は，主としてEUに関わるもので，金額ベースで36％，数量ベースで21％削減することとされた．

農政の変化

ウルグアイ・ラウンドの農業交渉の結果，関税率の削減のみならず，禁止の程度によってその取り得る国内政策が分類された．従来は国内の農業政策の実施について，当該国の政府にのみ権限があったが，補助金の給付などに対し一定の掣肘(せいちゅう)がこの協定により加えられることになった．こうして価格支持のための補助金に代わって，急速に注目を浴びるようになった政策が，「緑の政策」としての直接支払い（direct payment）であった．直接支払いは，生産者がその受取額をコントロールできず，かつ，政府から直接生産者に所得を移転するため，生産を刺激することなく，農産物の国際市場に歪みをもたらさないものとされたからである．また，従来の価格支持が消費者から生産者への見えない所得移転であったのに対し，直接支払いは政府による見える所得移転であり，消費者負

担の農政から納税者負担の農政へと変化が促進されることになった．この直接支払いの目的には，大きく分けて3つある．1つ目は，所得変動に対する補償，2つ目が，生産の条件不利性への補償，3つ目が，自然環境維持・保全のための支払いである．

日本でも，2000年より開始され，その後実施期間が延長された中山間地域等直接支払制度や，2007年度より開始予定の品目横断補助金などの政策は，このような方向上にある．

2.3.3 農業保護

ウルグアイ・ラウンドがそれまでの農産物の国際交渉と何よりも異なっていたのは，国内政策である農業政策にまで制限を加えようとしたことであった．1970年代終わりから1980年代はじめの国際農産物市場の混乱は，ECと米国の国内政策に起因するものであったからである．

ウルグアイ・ラウンドの開始後の1987年には，OECDによって開発されたPSE（生産者補助相当量）（注7）による各国の農業保護の水準が発表された．これは，生産者を基準とした国内支持の大きさを示すものである．

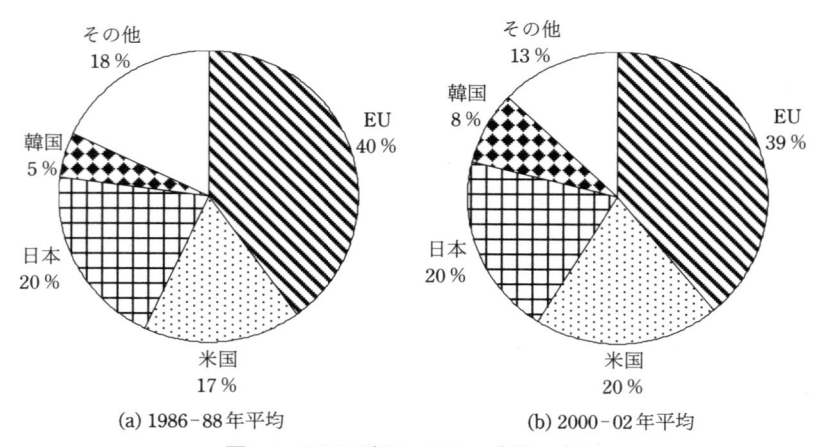

図2.6 OECD諸国のPSEの内訳の変化

(a) 1986-88年平均
- EU 40%
- その他 18%
- 韓国 5%
- 日本 20%
- 米国 17%

(b) 2000-02年平均
- EU 39%
- その他 13%
- 韓国 8%
- 日本 20%
- 米国 20%

資料：OECD, *Agricultural Policies in OECD Countries*, OECD 2003.

ウルグアイ・ラウンド以降，PSEはやや減少傾向にある．しかし，その国別の構成比をみると大きな変化はみられない．図2.6は，ウルグアイ・ラウンド開始時の1986年から1988年の平均とWTOで農業交渉が開始された2000年から2002年までの平均のOECD加盟国のPSE総量の国別グラフである．その構成比を見てみると，2000-2002年では，EUが全体のPSEの39％と最も大きく，次いで米国と日本が20％，韓国が8％である．EU，米国，日本の3か国だけで，全体のほぼ8割を占めている．

また，1986-1988年と2000-2002年の2つの時点を比較しても，韓国がやや構成比を高めているという変化はあるものの，全OECDの中で，EU，米国，日本の農業保護の大きさが頭抜けていることに変わりはなく，ウルグアイ・ラウンド開始当初から現在に至るまで大きく変化していないことが確認できる．

次に，そうした農業保護のうち，価格支持の大きさを見てみよう．先に述べたように，GATTやウルグアイ・ラウンドでは，こうした農業保護による国際市場の攪乱をできるだけ排除することが検討され，価格支持政策は黄色の政策として削減が求められたものである．図2.7は，

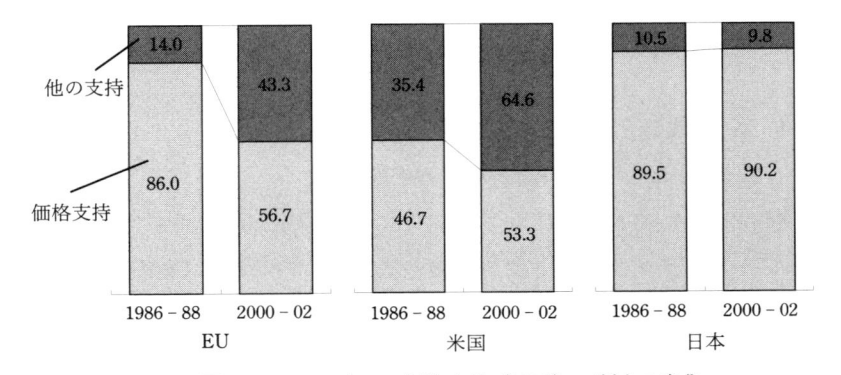

図2.7 PSEに占める価格支持（MPS）の割合の変化

注）グラフ中の数字は構成比（％）を示す．

資料：OECD, *Agricultural Policies in OECD Countries*, OECD 2003.

PSE の大きな3か国について，その PSE における価格支持（MPS）の割合を示したものである．これをみると，日本は価格支持による農家保護の割合が非常に大きい．この20年間に EU や米国が軒並み価格支持の割合を半分程度にまで下げている一方で，わが国は9割近くの価格支持が依然続いている．

　EU や米国が価格支持政策から転換したことの背景には，ウルグアイ・ラウンドの合意を受けてのこともあったが，膨大な農業支出による財政負担を軽減するという意図もあった．生産を刺激しない政策，むしろ生産しないという政策を認めるウルグアイ・ラウンド合意は，過剰生産による財政負担の増加に苦しむ国にとって都合のよい面もあった．

　しかし，わが国農業の置かれている状況は，EU や米国とは異なり，過剰生産を生み出すような農業保護ではなく，むしろ，先に述べたように自由化対策として行われてきた政策がこのような PSE の累積に大きく貢献した．たとえ，政策の目的には，今以上の農業振興が述べられていても，実際は，今よりも悪くならないということが目標であったと考えられる．したがって，EU や米国とは政策の目的が異なる．そのことが図2.7に現れているわけで，日本は，OECD 全体の20％に当たる生産者保護を実施しても，なお，今日の国内自給率は，カロリーベースでわずか40％程度にしかならないのである．

2.3.4　WTO 交渉と FTA への動き
(1)　ドーハ・ラウンドの開始とその中断

　1995年より，ウルグアイ・ラウンドによる協定が実施されたが，6年間のウルグアイ・ラウンド合意実施の最終年である2000年から WTO による新たな農産物貿易交渉が開始された．新ラウンド自体の開始は，それから1年遅れた2001年11月にカタール共和国のドーハにて宣言されたが，農業交渉は，先の農業協定第20条に盛り込まれたとおり，新ラウンドの開始のいかんにかかわらず2000年より開始されることとされ

（ビルト・イン・アジェンダ），そして開始された．

　この新ラウンドは，ウルグアイ・ラウンド以上に多数の国が参加し（表2.4参照），特に途上国への配慮から，ドーハ開発アジェンダとも呼ばれている．ここでは，通称のドーハ・ラウンドを用いることにする．ドーハ・ラウンドは，2005年1月までにすべての分野で一括合意するという方針であり，農業分野もそれに伴うスケジュールが明確にされた．1つの大きな山場として，2003年3月までのモダリティ合意と，同年9月メキシコのカンクンでの閣僚会議における譲許表案（各国が品目別に関税率の引下げなどの約束水準を記した表）の提出が予定されていた．モダリティとは，交渉するにあたっての合意の基準やルールなどの枠組みのことである．

　しかし，2006年7月24日，ドーハ・ラウンドは無期限の中断がラミー事務局長によって発表された．農業や非農産品市場アクセスのモダリティは依然として決定されておらず，また，米国，日本，EU，ブラジル，インドなどの国々が，いわゆる「争点の三角形（the triangle of issues）」で膠着状態に陥っていた．三角形とは，農産物の市場アクセス，農業の国内支持，非農産品・サービスの市場アクセスの3分野である．農産物の市場アクセスでは，関税引下げを一定程度とし，そこから特定農産物については例外化を図る日本やEUに対し，米国やブラジルなどから自由化が求められた．また，農業の国内支持では，米国のその削減が不十分であるとして，いっそうの削減がEUやブラジルから求められた．さらに，非農産品・サービスの市場アクセスでは，先進国と，ブラジル・インドなどの新興工業国が，その鉱工業製品の関税率の削減で対立をしている．こうして，3分野の交渉によって身動きがとれない状態にあった．中断という事態に対し早期の再開を目指す動きはあるものの，今なお続いている．

　ウルグアイ・ラウンドまでは，農業交渉の決着は，EUと米国の合意によるところが大きかったが，ドーハ・ラウンドでは，こうした政治的

構図と異なって，ブラジル・インドなど（経済発展の著しい BRICs 諸国など）の発言力も加わって，より複雑な関係を形成することとなった．

(2) FTA/EPA

このような，全世界的に包括的な交渉により貿易自由化協定を締結するのではなく，当事国間だけで関税化の撤廃など貿易の自由化を図るような協定を FTA（自由貿易協定，Free Trade Agreement）という．当事国は 2 か国のことが多いが，米国，カナダ，メキシコの 3 か国による北米自由貿易協定（NAFTA）のように複数国間で締結されることもある．EU の前身としての 1958 年の欧州経済共同体（EEC）（注8）や，それに対抗した 1960 年の欧州自由貿易連合（EFTA）も FTA に分類される．また，キューバを除く南北アメリカ大陸諸国 34 か国による米州自由貿易地域（FTAA）のような巨大な FTA も成立を目指して交渉が行われている．

FTA は，当事国だけに一定品目の自由化を適用し，その他の国はそこから排除するものであって，関税等について特定の国のみを有利に扱ってはいけないとする WTO の最恵国待遇の原則とは相容れないはずであった．しかし，GATT 第 24 条では一定の要件を課して例外を認めており，今日，FTA が正当性を持ちうる根拠とされている．例えば，「実質上すべての貿易」について関税等を撤廃するという要件の「実質上すべての貿易」とは，貿易量の 90％以上を自由化し，かつ特定の分野（例えば「農業」分野）の全部を除外しないことと解釈されている．また，自由化には最長 10 年の猶予期間が与えられている．WTO にあっては，このような要件を満たせば，漸進的に貿易の自由化が推進されるものとして容認したのである．

FTA は今や世界的な大きな潮流となってその数を急速に伸ばしている（図 2.8）．この背景として，3 つのことが考えられる．1 つは，先に見たようにドーハ・ラウンドが遅々として進展しないことである．2 つは，FTA は当事国間の事情を反映して柔軟な協定が結べることである．そし

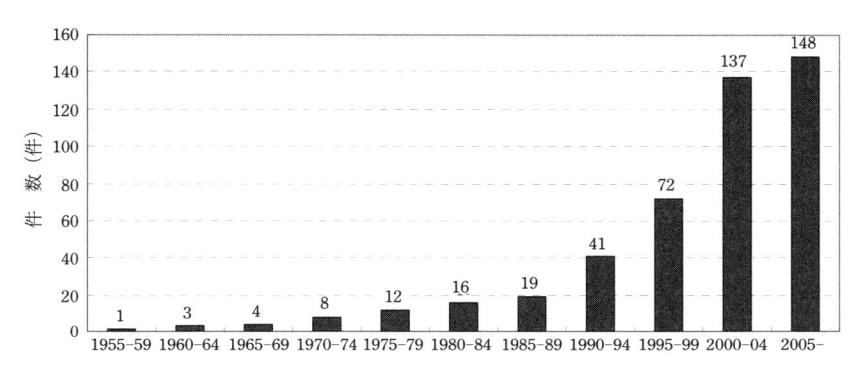

図 2.8 FTA発効件数の推移（累積）

注1）WTOホームページ掲載リスト（2006年6月15日現在）の地域貿易協定（GATT／WTO通報・現在発効しているもの）197件中，① 既存FTAへの新規加盟に伴う重複，② GATTとGATS両方への通知による重複など，49件を除外．

注2）年代は発効日順．発効日が不明なものはGATTもしくはWTOへの通報年で計上．

資料：日本貿易振興会『WTO/FTA Column』Vol.045，2006／9／20（http://www.jetro.go.jp/biz/world/international/column/　最終アクセス：2007.5.7）

て，3つが，FTAに参加しないことで不利益が発生することである．特に後の2つが重要である．FTAは少数国間で締結されるから，互いの事情を考慮することができ，互いに利益を得ることができる．また，そのような協定がたくさんできる中で，どこのFTAにも属さないならば，国際貿易から締め出されてしまうことになる．したがって，FTAに進んで参加する方が有利となる．こうしてFTAは次々と締結されるに至ったと考えられる．

日本の動き

日本は従来GATT・WTOの原則に従った多角的な自由貿易の推進という立場をとり，地域的な連携はアジア太平洋経済協力会議（APEC）のような穏やかな形のものにとどめてきた．しかし，2000年に入って以降急速にFTAによって特定の国・地域との連携強化を目指す通商政策へと方針を転換した（注9）（表2.5）．

表 2.5　日本の FTA/EPA 取組み状況

シンガポール	2002年1月署名同年11月30日発効
メキシコ	2004年9月署名2005年4月1日発効
マレーシア	2005年12月署名2006年7月13日発効
フィリピン	2006年9月署名
チリ	2007年3月署名
タイ	2007年4月署名
ブルネイ	2007年6月署名
インドネシア	交渉中．大筋合意
ASEAN	2005年4月より交渉開始
韓国	交渉中（2004年11月より交渉中断）
GCC（湾岸諸国）	2006年9月より交渉開始
ベトナム	2007年1月より交渉開始
インド	2007年1月より交渉開始
オーストラリア	2007年4月より交渉開始
スイス	2007年1月交渉立ち上げ決定

資料：経済産業省『経済連携（EPA）の取組みについて』（平成19年4月12日）(http://www.meti.go.jp/policy/trade_policy/epa/ html 2/1-souron7.html　最終アクセス：2007.5.7)，一部著者追加．

　この背景は，ドーハ・ラウンドの遅れとともに，FTAによって貿易から除外されることへの危機感であった．例えば，NAFTAの成立によりメキシコにおける日本車の競争力が低下したなどの報告がある．また，EUがヨーロッパ大陸において拡大を続けていることもある．また，米国のアジア政策の転換があり，米国自体がアジア地域とのFTAを積極的に締結しようとしていることも挙げられる（注10）．さらに，中国が積極的にアジア地域でFTAを結ぼうとしていることも日本にFTAを意識させる大きな要因であった（注11）．

　日本は，こうした自由貿易協定を，FTAではなくEPA（経済連携協定，Economic Partnership Agreement）と呼んでいる．これは，FTAとして，ただ関税やサービス貿易などの通商上の障壁の削減・撤廃のみならず，投資，競争，サービスといった経済諸制度の調和など経済全般の連携・協力を強化させる総合的な協定として位置付けようとしているからである．ただし，日本のEPA以上に密接な関係のFTAもあり，こうした呼び名は

日本だけで用いられているもので，国際的にはFTAで通用している．

このようなことから，日本のFTAへの取組みは比較的新しく，また，これまで交渉を開始してきた国は，EPAという日本流の名称が示すように単なるFTAではなく，さまざまな援助などを含むそれ以上の関係をも意図して，アジアの開発途上国が多かった．また，ある農産物品目については日本にとって重要な意味をもつ品目（センシティビティ品目）であるため除外するなど，当事国間でもっとも適した協定が締結できた．

しかしながら，2007年4月にオーストラリアとのEPAの交渉に入った．これは，日本で初めての先進国であり，かつ，農業大国との交渉である．日本にとってのセンシティビティ品目がオーストラリアとしては輸出を期待する品目になっている．その影響について，農林水産省の試算によれば，牛肉で2,500億円，乳製品で2,900億円，小麦で1,200億円，砂糖で1,300億円，合計7,900億円の生産減が見込まれるという（注12）．特定の地域への打撃が大きく，これらの品目の扱いは交渉の大きな焦点となるだろう．メキシコとのEPAでは，豚肉やオレンジジュースの自由化をめぐって交渉が難航したが，オーストラリアの場合は，それ以上の品目において，対オーストラリアはもちろんのこと，国内的にも多大な調整作業が必要とされることになる．オーストラリアとのEPA交渉は今後の日本のFTA推進における一種の試金石になるものと考えられる．

2.4 おわりに

日本の農産物自給率の低下は，食生活の中で輸入食料の割合が相対的に拡大したことと同値である．輸入食料の拡大は，そのような食料への需要が喚起されたことに大きな要因がある．貿易の自由化や急速な円高による購買力増加のような輸入農産物の買いやすさが増したことも，もちろん原因であったが，同時に，国民の嗜好の変化にも大きな要因がある．米不足に悩む敗戦後の日本において，米大量消費からの脱却のため

の消費誘導策や，米に代替する食事法や食品の発見・工夫によって，米以外の食生活に価値を見いだすことに成功した．言い換えれば，戦後の日本で発生した米から畜産物・油脂への需要の変化は，米の不足の状況に適合した需要のあり方を自発的に選択した結果であり，しかも，伝統的なものとは著しく異なった食生活は，海外から輸入される農産物の消費に向かわせることになった．このような変化は，高度成長期にあった日本では貿易の自由化によっていよいよ推し進められたのである．また，農家にとっては，伝統的農業を離れ，需要増が予想されても国際競争に曝された上に，為替レートの影響を受ける農産物に自発的に転換することは困難なことであった．

こうしたことの累積が，日本の高い農業保護率と自給率の低さのアンバランスを作り出し今日に至っている．ウルグアイ・ラウンドの農業合意では，生産奨励的な国内政策が問題とされ，削減が求められた．さらにドーハ・ラウンドでは，これをいっそう推し進めようとしている状況にある．

また，WTOの多角的貿易自由化交渉にせよFTAにせよ，農産物貿易の貿易上の障壁の撤廃は今後ますます進むと考えられ，日本の農家は国際的な農産物市場の動向に大きな影響を受けるようになることが予想される．日豪のEPAは，牛肉，乳製品，小麦，砂糖など，戦後新たに需要が生まれた国際市場から調達可能な農産物についての自由貿易を要求するものであり，これらの農業生産者及び関係者に対しきわめて大きな影響を及ぼすと想定されている．

このような経緯によって今日に至る国内農業において，本当に食料自給率の向上を図りつつ農業の振興を意志するには，国際ルールにおけるバランスを考慮しながらも，生産奨励的な政策も選択肢に持つ必要があるかもしれない．

【注】

1. 「二合五勺に関する愛国的考察」坂口安吾全集04，筑摩書房（1998）に収録．
2. カロリーベース食料自給率の変化の主な内訳は，米は100％→95％，小麦28％→13％，大豆41％→23％，野菜100％→78％，果実86％→40％，畜産物47％→16％，油脂33％→4％，砂糖類31％→35％である．
3. 敗戦直後の食生活について仏文学者の河盛好蔵は次のように述べている．「これは戦後の日本のパンが格段においしくなったせいもあるが，それに比べて配給の日本米がなさけないほどまずくなったためである．とくに端境期がひどい．」これは河盛好蔵のみの意見ではない．戦後，しばしば農村のルポルタージュを書いた文学者の杉浦明平も「わたしはもともとパン食＝洋食はきらいではなかったけれど，朝は戦後のまずい米の飯より，ますますバターやジャムを塗ったトーストを好んだ．」と述べている（朝日新聞編『値段の明治大正昭和風俗史』(1981)）．
4. 貿易の自由化には数量制限などの非関税措置の撤廃と関税率の引下げに分けられるが，ここで言う自由化は，主として前者を意味している．
5. ケネディ・ラウンド以前のラウンドは，鉱工業品の関税引下げに重点が置かれていたため，農業には深刻なものでなかった．なお，第5回のディロン・ラウンド（1961〜62年）では，1958年に誕生したEECの共通農業政策における可変課徴金について米国との間で激しい交渉が行われていた．
6. 日本国内の農産物価格政策については，近日刊行予定の別著に譲ることにして，ここでは扱わない．
7. OECDから発表された当初，PSEはProducer Subsidy Equivalentと呼ばれていた．
8. 1968年，域内の関税が撤廃され，FTAではなく関税同盟となった．
9. 政府としての明確な方針は，2003年1月24日に閣議決定された『平成15年度の経済見通しと経済財政運営の基本的態度について』において「世界貿易機関（WTO）を中心とした多角的貿易体制の維持・強化を基本としつつ，これを補完するものとして経済連携や自由貿易協定を積極的に推進する」として示された．
10. 例えば，2002年，ブッシュ大統領は米国とASEANとの経済連携を進める構想を発表した．
11. 例えば，2001年の中国とASEANのFTA創設の合意．
12. 北海道の試算では，北海道経済に対し関連産業を含めて1兆3,716億円の損失が発生するとされるという（北海道農政部「日豪FTAの本道への影響につい

て」http://www.pref.hokkaido.lg.jp/ns/nsi/nouseihp/EPA（最終アクセス 2007.5.7）).

参 考 文 献

1) 朝日新聞編：値段の明治大正昭和風俗史，朝日新聞社（1981）
2) 遠藤保雄：戦後国際農業交渉の史的考察，御茶の水書房（2004）
3) 岸　康彦：食と農の戦後史，日本経済新聞社（1996）
4) 内閣府：平成16年版経済財政白書，国立印刷局（2004）
5) 坂口安吾：「二合五勺に関する愛国的考察」，坂口安吾全集 04，筑摩書房（1998），初出：女性改造，第2巻，第2号（1947）
6) 清水徹朗：自由貿易協定と農林水産業，農林金融，12月号（2002）
7) 鈴木宣弘：農のミッション―WTOを超えて，全国農業会議所（2006）
8) 筑紫勝麿：ウルグアイ・ラウンド―GATTからWTOへ，日本関税協会（1994）
9) 戸田博愛：現代日本の農業政策，農林統計協会（1986）
10) 樋口　修：日豪FTA/EPA交渉と日本農業，調査と情報，第580号（2007）
11) 森田　明：「直接支払制度の出現と世界の農政」，世界の直接支払制度，岸康彦編，農林統計協会（2006）
12) 山路　健：明の食卓　暗の食卓，日本経済評論社（1987）
13) 山下一仁：詳解 WTOと農政改革―交渉のゆくえと21世紀の農政理論，食料農業政策研究センター（2001）
14) 山下一仁：国民と消費者重視の農政改革，東洋経済新報社（2004）

（森田　明）

3. 外食産業の国産食材使用の現状と課題

3.1 はじめに

　外食産業の市場規模（注1）は，平成18年が24兆3,592億円で，前年より0.1％減少している．百貨店・総合スーパー（16兆4,087億円（注2））や自動車小売業（新車・中古車，バイク等を含む）（16兆362億円（注2））の年間販売額が16兆円台であることから，外食産業は大きな市場であることがわかる．

　しかし，この外食産業市場規模は，平成10年から9年連続して減少している．この要因としては，景気の低迷による個人消費の低迷，法人交際費の減少のほか，デフレの影響などが考えられる．

　外食産業のマーケットが縮小し続けると，飲食店はもちろんのこと，外食関連産業にも影響を及ぼすようになる．

　飲食店経営の中で重要な食材関係についても，マクロでみると，マーケットが縮小していることで，食材仕入れも同様に減少していると考えられる．

　以下，最近の外食産業の状況を踏まえた上で，外食産業における食材仕入れの状況と国産食材使用の現状・課題について考えてみることにする．

3.2　最近の外食産業の状況

3.2.1　市　場　規　模

　外食産業の市場規模は，前述したように平成18年現在，24兆3,592億円で9年連続の減少となっている．

　過去の市場規模の推移を見てみると，昭和年代では，高度成長期，大衆消費社会の中，所得の増加，女性の社会進出，核家族化の進展などを背景として右肩上がりで増加していた．このような状況下で，外食企業は全国統一メニュー，統一価格とパート・アルバイトの活用で店舗を拡大していった．

　また，この時期，食料支出額に占める外食支出額の割合である外食率は年々上昇し，消費者も外食への依存度が高くなっていることがうかがえる．

　しかし，大衆消費社会から成熟社会に移行した平成年代に入り，バブル経済が崩壊すると，消費者1人当たりの支出金額である客単価が急速に低下し，従来から客数が低迷していたこともあり，外食産業市場規模の増加率も縮小傾向となった．

　右肩上がりで伸びてきた外食産業の市場規模が初めて前年を下回ったのは平成6年で，前年より0.2％減少したが，平成7年から再び増加に転じ，平成9年には29兆702億円とピークに達した．

　その後，平成18年まで9年連続して減少し，今まで外食産業が経験したことのない状況となっている．また，この時期の外食率も低下傾向となっている．ただ，ここ3年間の減少率は1％以下となっており，底打ち感の兆しも見えてきている．

　一方，持ち帰り弁当，惣菜などの中食市場規模（注3）は，消費者の簡便志向，単身世帯の増加，コンビニエンス・ストアの増加，中食商品の技術開発の進展などにより堅調に伸びており，外食率が低迷している中，食の外部化率（食料支出額に占める外食・中食支出額の割合）は上昇傾向にあ

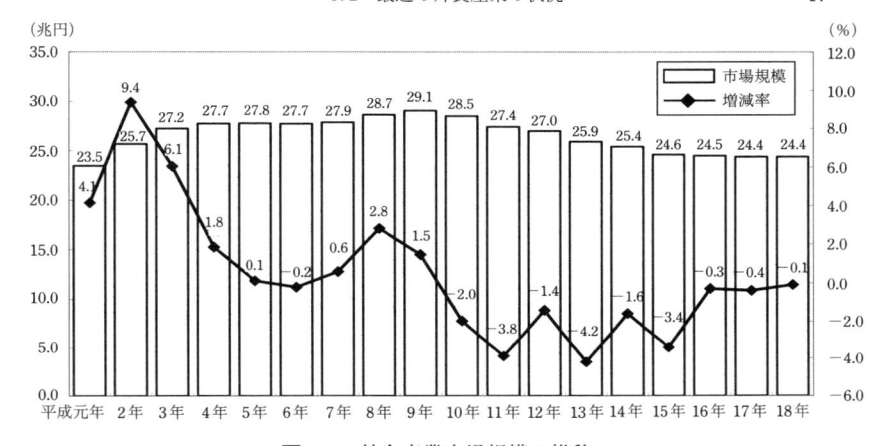

図 3.1　外食産業市場規模の推移
資料：(財)外食産業総合調査研究センターの推計．

る．

3.2.2　オーバーストアと既存店活性化，多業種・多業態化とM＆A(注4)

　これまで見てきたように，外食産業の市場規模が9年連続減少している中，各企業は売上高増加対策として新規出店を実施した結果，商圏内では店舗過剰状態（オーバーストア）が生じ，店舗間競争が激化，既存店の売上高も低迷している．

　このような状況の中，各企業が抱えている大部分の既存店舗の活性化が急務となっている．活性化策は，従来の店舗やメニューのリニューアルのほか，損益分岐点の引下げや店舗のスクラップまで行われている．この既存店対策をいち早く実施した大部分の企業で業績が改善の方向にある．

　しかし，依然として商圏は縮小しているため新規出店をしても競合が激化するだけで，売上高，利益は計画どおり伸びない状況にあることに変わりはない．

　そこで，既存店での宅配の実施や営業時間の延長，アイドルタイム（注

5）の強化などの付加価値機能を設置することで，既存店活性化と同時に新規出店と同じ効果をもとめる状況も生まれている．

また，新規出店には限度があるため，限界店舗数を設定し，その店舗数の間でスクラップ・アンド・ビルドを実施する必要性も考えられている．

一方，消費者のニーズが多様化している現在，提供サイドも1業種・1業態での集客には限界があり，多ブランド化，多業種・多業態化を推進する企業が多くなっている．また，多業種・多業態化の推進のため従来は1号店からの新業態開発が必要であったが，現在では，リスクを回避するためM&A（企業の合併・買収）を実施し，急速に業容を拡大している企業も出現している．

このように各外食企業があらゆる経営努力を行っているが，総体的には，売上高が大きく増加する状況にないことから，コスト削減により利益を確保する経営体質，財務体質の再構築が必要になっている．

3.3 飲食店の食材仕入状況

3.3.1 食材仕入額

飲食店の売上高構成比の中で，食材仕入額と人件費のウエイトがかなり高くなっている．

売上高に占める食材仕入額の割合を食材率と言うが，その食材率は，平成7年の農林水産省「外食産業原材料需要構造調査」によると，平均で34.2％となっている．「ファーストフード」が40.4％，「ファミリーレストラン」が35.5％，「カジュアルレストラン」が35.3％，「ディナーレストラン」が30.9％と，一般にサービスのウエイトが高くなると，食材率が低下傾向となる．

食材率を100とした場合の品目構成は，業種・業態で異なるものの，平均でみると，水産物が22.6％，畜産物が21.4％，米穀類が13.1％，

野菜が11.7％などとなっている．

飲食店のメインメニューが魚介類やステーキ，ハンバーグであることから，水産物や畜産物のウエイトが高くなっている．

品目別にみると，水産物では，日本料理店が34.9％と最も高く，西洋料理店で14.5％と低くなっている．

畜産物では，中華料理店・その他の東洋料理店で31.6％と高く，次いで，西洋料理店25.8％となり，日本料理店で14.0％と低くなっている．

米穀類では，定食屋や大衆食堂の一般食堂で19.4％と高く，西洋料理店は9.3％で10％以下となっている．

野菜は，業種では中華料理・その他の東洋料理店が，他の業種が11％前後であるのに対し13.3％と高く，業態では，ファーストフード13.0％，ファミリーレストラン12.6％で比較的高くなっている．

では，この平均の食材率と品目構成比を使用して，大づかみにマーケットサイズを推計すると，平成18年の外食産業市場規模（売上高）は24兆3,592億円であることから，平成18年の外食産業全体の食材仕入額は，約8兆3,310億円（24兆3,592億円×34.2％）となる．

表3.1 外食産業の食材率とその品目構成割合

（単位：％）

	食材率	品目構成割合										
		計	米穀類	野菜	果実	畜産物	水産物	調理食品	調味料等	酒類	清涼飲料	その他
平　均	34.2	100.0	13.1	11.7	2.9	21.4	22.6	7.5	3.6	11.1	2.7	3.5
一般食堂	37.5	100.0	19.4	11.6	2.9	17.1	19.6	8.7	4.5	9.7	3.2	3.2
日本料理店	36.3	100.0	12.1	11.4	2.5	14.0	34.9	5.7	3.3	11.8	1.9	2.5
西洋料理店	30.1	100.0	9.3	10.8	3.5	25.8	17.5	9.5	2.8	12.2	3.7	4.7
中華料理店・その他の東洋料理店	33.3	100.0	11.9	13.3	2.8	31.6	14.5	6.3	3.8	10.3	1.9	3.6
ファーストフード	40.4	100.0	29.1	13.0	1.6	22.7	7.8	9.8	6.0	5.0	2.3	2.7
ファミリーレストラン	35.5	100.0	15.8	12.6	2.7	19.5	19.7	9.2	3.5	10.2	3.5	3.5
カジュアルレストラン	35.3	100.0	10.4	10.7	2.2	27.0	21.8	5.0	3.6	12.7	2.3	4.3
ディナーレストラン	30.9	100.0	8.0	11.3	4.0	18.3	30.5	7.3	2.9	12.4	2.4	3.0

資料：農林水産省『外食産業原材料需要構造調査』（平成7年）

この食材仕入額，8兆3,310億円を100とした場合の品目構成比が，上に見たように主な食材の水産物が22.6％，畜産物が21.4％，米穀類が13.1％，野菜が11.7％であることから，水産物の仕入額は1兆8,828億円（8兆3,310億円×22.6％），畜産物が1兆7,828億円（8兆3,310億円×21.4％），米穀類が1兆914億円（8兆3,310億円×13.1％），野菜が9,747億円（8兆3,310億円×11.7％）となる．

化粧品業界の市場規模が1兆5,128億円（注2）であり，各品目の仕入額はほぼそれに匹敵する大きなマーケットであることがわかる．

3.3.2　青果物の食材仕入量

次に，農林水産省の「平成15年食品流通構造調査（青果物調査）」で，外食産業の野菜仕入量をみると，外食産業全体で129.3万tであり，うち国内産が127万t，輸入が2.3万tとなっており，生鮮野菜に限っては，国内産が98.2％と大部分であることがわかる．

国内産野菜の業種別仕入量をみると，一般食堂が38.2万tで最も多く，次いで中華料理店30.5万t，日本料理店13.8万t，西洋料理店12万tなどの順で，その他の業種では10万t以下となっている．意外にも中華料理店の野菜仕入量が日本料理店を上回っている．

外食産業計の仕入先割合をみると，八百屋などの食品小売業からの仕入割合が53.2％と最も高く，次いで食品卸売業39.1％（内，卸売市場31.1％）などなっており，産地段階（5.0％），食品製造業（2.7％），自社栽培（0.0％）などは少数となっている．

すなわち，多くの飲食店は国内産野菜を食品小売業や食品卸売業で購入することが多いことがわかる．これは，外食の産業構造が小さい飲食店が大部分であるため，食材使用量が少量であることによる．

業種別で特徴ある仕入先をみると，ハンバーガー店では，大手企業が多いこともあり，食品メーカーや産地段階での仕入れが多くなっており，他の業種と比べて食品小売業，食品卸売業からの仕入れが低くなってい

表 3.2 外食産業の業種別，国内産生鮮野菜の仕入量と仕入先割合

(単位：千t，%)

	仕入量	計	産地段階	食品卸売業	卸売市場 卸売業	卸売市場 仲卸業	商社	その他卸売業	食品製造業	食品小売業	自家栽培
外食産業計	1,270	100.0	5.0	39.1	10.7	20.4	1.1	6.9	2.7	53.2	0.0
一般食堂	382	100.0	5.7	36.7	8.0	19.5	1.9	7.3	1.0	56.6	—
日本料理店	138	100.0	4.5	48.6	9.1	33.1	0.7	5.7	1.8	45.2	0.0
西洋料理店	120	100.0	3.9	42.7	13.7	23.8	1.4	3.8	2.1	51.3	
中華料理店	305	100.0	3.2	40.4	14.6	18.4	0.3	7.1	2.2	54.2	
焼肉店	74	100.0	3.1	35.6	2.3	21.6	—	11.8	1.7	59.6	
東洋料理店	12	100.0	—	69.4	—	66.3	—	3.1	7.2	23.5	
そば・うどん店	71	100.0	8.7	39.9	14.9	20.4	—	4.6	0.9	50.4	0.2
すし店	62	100.0	4.1	38.2	16.1	16.2	0.3	5.7	4.2	53.5	
ハンバーガー店	18	100.0	22.6	22.1	7.5	—	1.7	12.8	51.7	3.7	
お好み焼き店	62	100.0	7.7	22.1	1.3	7.6	—	13.2	4.7	65.5	0.0
その他の一般飲食店	26	100.0	3.3	41.2	28.3	5.3	7.5		2.9	52.6	

資料：農林水産省『平成15年食品流通構造調査（青果物調査）』（平成16年4月）

る．また，東洋料理店では卸売市場内の仲卸業からの仕入れが高くなっている．

外食産業の国内産生鮮野菜の品目別仕入量をみると，ネギが11.2万tと最も多く，レタス6.7万t，トマト4.6万t，ナス2.3万t，カボチャ2.1万tなどの順となっているが，その他の品目が99.2万tとなっており，業種・業態により主要野菜が多様化していることがわかるほか，野菜には重量野菜と葉物野菜があり量で比較する場合，留意する必要がある．

3.4　外食産業の国産食材使用の現状と課題

外食産業の食材仕入れは，今まで見てきたように，食肉，水産物，青果物など多岐に分かれるが，ここでは，青果物の国産食材仕入れの現状などについて見ていくことにする．

外食産業の成長期には，大衆消費社会を背景として，特にチェーン展

開企業では，全国統一価格，統一メニューを提供，いわゆる工業的生産のメニューを提供することで売上高を拡大してきた．消費者も外食する習慣があまり頻繁ではなかったこともあり，外食企業にとっては，統一メニュー，統一価格は消費者に安心感を与える重要な武器であった．

このような状況の中では，全国流通できる食材が必要となることから，まず，量の安定確保が至上命題であった．次に価格の安定，品質の標準化が必要であった．そして，メニューブックに掲載しているメニューを提供できないこと（欠品）は，外食企業として致命的であり，あってはならないことでもあった．

一方，産地側では，外食向け食材の生産を専門的に行っているところが少なく，また，仕入価格の安定を求められることなどの理由もあり，従来から外食側とのギャップがあった．

しかし，時代が大衆消費社会から成熟社会に移行し，外食では非日常的外食から日常的外食となっている現在では，消費者の外食への意識も変化しつつある．消費者は，TPOに応じて食を使い分け，1人の消費者が単価の低いレストランから高いレストランまで使い分けているのである．

このように消費者の外食に対するニーズが多様化し，さらにO157，国内での鳥インフルエンザ，BSEの発生なども加わり，安全・安心・健康志向というニーズが消費者の中で生まれてくる．

外食企業では，平成5年頃からジョナサンが有機野菜，特別栽培野菜など品質の高い生鮮野菜類を使用し，こだわり野菜として他社との違いを打ち出した．また，シズラーでのサラダバーの導入は消費者にヘルシー志向や健康志向を訴求していった（注6）．

このような状況を皮切りに，各企業が野菜での差別化を図るべく追随する傾向が見られた．また，この時期，企業の中には，国内の農家と契約し，国内産食材を使用する土壌が出来上がってきている．

その後，益々，消費者の安全・安心・健康志向が強くなり，地産地消，

原産地表示などの追い風もあり，安定確保できない食材も使用するという動きや，店頭などで食材の履歴を発表している大手飲食店も出てきている．

　ロイヤル（現ロイヤルホールディングス）のシズラーでは，店頭やホームページで取引先の産地の情報公開を始め，各企業も追随する形となっている．さらに，外食企業の経営形態が持株会社に移行することで，各地域別に子会社を設立，全国流通が困難な食材でもエリア内での流通が可能となり，子会社別に地産地消メニューの提供が可能となってきている．

　また，オーナーシェフのレストランでは，シェフのおまかせメニューという形で地元産食材を使用し始めているほか，最近注目されている健康志向の食べ放題のブッフェレストランでは，メニューブックがなく，その時採れた（仕入れた）食材を調理して提供しており，外食産業でも国産食材使用の動きが出てきている．

　しかしながら，外食産業側では，産地の情報を全て把握しているわけではなく，産地の事情を知ることができる，原始的ではあるが産地交流会などがますます重要になってくるように思われる．また，外食企業側では，食材仕入担当者を全国の産地に張り付けておくことができないことから，産地と外食を結びつけるコーディネーターの育成も必要となってくるのではないであろうか．

3.5 ま　と　め

　外食産業は，以上見てきたように生鮮青果物の仕入量の98.2％が国内産であり，1.8％は輸入であったが，冷凍野菜や国内での端境期における青果物，国内で栽培できないものなどについては，輸入青果物に頼らなければいけない状況にある．

　青果物は，従来，旬の食材を使用したメニューなどの提供はあったものの，外食産業のメニューの中ではメインになることはなかったが，最

近，消費者の安全・安心・健康志向の高まりにより，野菜をメインにしたメニューが注目されている．

外食企業もチェーン展開経営に閉塞感が出てきており，持株会社に移行することで地域別子会社を設立，地域内でのチェーン展開が可能となると同時に，全国流通が困難な食材も地域内で使用することが可能となり，特に野菜の仕入れについてはバラエティが増すことになった．

また，メニューに関する外食産業の意識として，欠品がタブーであるという認識をなくすことが必要ではないかと思われる．すなわち，消費者のニーズが多様化し，前述したように大手外食企業では地域分社をし，全国統一メニュー，統一価格が崩れつつある現在，すぐれた食材ではあるが，量的に確保できない場合は，「売り切れ御免」，「1日限定メニュー」として提供することも可能になってきているのではないであろうか．消費者もそのことを認知し，逆にリピートにつながるように思われる．

このような考え方が浸透することで，分社化できる大手外食企業だけでなく，中堅外食企業でも国内産野菜を使用する場面が増加するように思われる．

ただ，産地サイドなどでは，外食産業の場合は，1店舗当たりの食材使用量はわずかであることに留意することも必要である．

また，ここでは，主に青果物について述べたが，外食産業の主要食材である食肉，水産物についても今後，検討する必要があると考えられる．

【注】

1. (財)外食産業総合調査研究センターが昭和50年から推計している．
2. 経済産業省の『平成16年商業統計表』の年間販売額である．
3. 中食については，『商業統計表』の料理品小売業でみる中食産業の中核をなす市場規模と，(財)外食産業総合調査研究センターが中食商品に注目して推計した中食商品市場規模（コンビニ等の中食商品も含む）があるが，どちらも前年を下回ったことがない．

4. (財) 外食産業総合調査研究センター『季刊 外食産業研究』第 97 号, 堀田「平成 17 年外食産業の動向」を参照.
5. アイドルタイムとは, 飲食店の営業時間中, 来客数の少ない時間帯のこと. 通常ランチ後の午後 2 〜 5 時くらいの時間帯を指す.
6. 小田勝己『外食産業の経営展開と食材調達』pp.87-93, 農林統計協会 (2004)

(堀田宗徳)

4. 日本農業の安全・安心の取組み

4.1 消費者からみた農業の位置づけ

4.1.1 農産物の安全性

　図 4.1 は消費者が農産物の国産品を選択した基準に関して実施したアンケート調査（平成 12 年総理府実施）の結果である．これによると「安全性」「新鮮さ」「品質」が選択理由のベスト 3 となっている．輸入品に比べ価格が割高であっても国産品を購入する消費者心理が反映されたものと判断されるが，そのうち「安全性」と答えた人が 8 割以上と圧倒的に多い結果となっている．

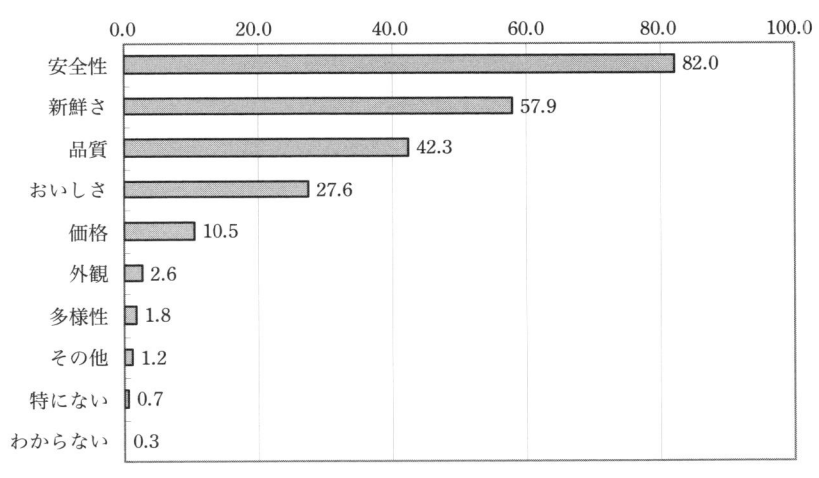

項目	割合
安全性	82.0
新鮮さ	57.9
品質	42.3
おいしさ	27.6
価格	10.5
外観	2.6
多様性	1.8
その他	1.2
特にない	0.7
わからない	0.3

図4.1 消費者が国産品を選択した基準のベスト3は，安全・新鮮・品質
資料：『農産物に関する世論調査（総理府）』（平成12年7月調査）
注）「国産品」，「どちらかというと国産品」と答えた者．
　　$n = 2,924$ 人の重複回答．

58　　　　　　　　　　　4.　日本農業の安全・安心の取組み

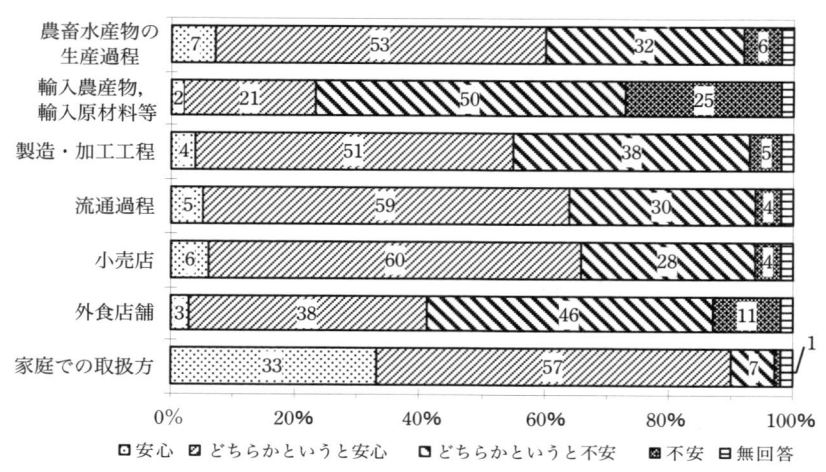

	安心	どちらかというと安心	どちらかというと不安	不安	無回答
農畜水産物の生産過程	7	53	32	6	
輸入農産物,輸入原材料等	2	21	50	25	
製造・加工工程	4	51	38	5	
流通過程	5	59	30	4	
小売店	6	60	28	4	
外食店舗	3	38	46	11	1
家庭での取扱方	33	57	7		

図4.2　食品供給の各段階における消費者の不安感
資料:『食料品消費モニター調査結果』(平成17年3月調査)

　一方,図 4.2 はフードチェーンの各段階における食品の安全性に対して消費者がどの程度不安感を抱いているかを聞いたアンケート調査(平成 17 年農林水産省実施)の結果である.これによると,「輸入農産物・輸入原材料」について「不安」及び「どちらかといえば不安」と答えた人が合わせて 75 %であったのに対し,「農畜水産物の生産過程」に対しては 4 割を切っていた.このことからも,消費者は国産農畜水産物を輸入品に比べて安心であると判断していることがわかる.しかし,不安を感じている割合が 4 割弱というのは決して少ない数とは言えない.

　他方,同様のアンケート調査を前記の約 1 年半前に実施した結果が図 4.3 である.これによると,「農畜水産物の生産過程」に対して約 8 割の人が「不安」と答えている.これは約 9 割が「不安」と答えた「輸入原材料」に次ぐものである.この背景には,この前年(平成 14 年)に牛肉の原産地などに関する偽装事件などが相次いで発生したことや,前々年(平成 13 年)には,わが国で初めて BSE (牛海綿状脳症)が発生したことが影響しているものと思われる.すなわち,日頃安心が得られ,

4.1 消費者からみた農業の位置づけ

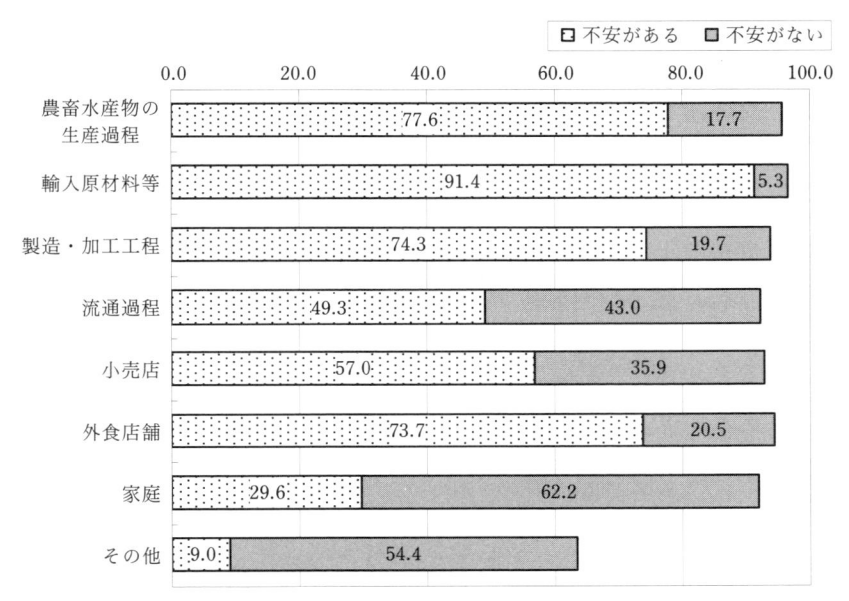

□ 不安がある　■ 不安がない

段階	不安がある	不安がない
農畜水産物の生産過程	77.6	17.7
輸入原材料等	91.4	5.3
製造・加工工程	74.3	19.7
流通過程	49.3	43.0
小売店	57.0	35.9
外食店舗	73.7	20.5
家庭	29.6	62.2
その他	9.0	54.4

図 4.3　食品供給の各段階における消費者の不安感
資料：『食料品消費モニター調査結果』（平成15年8月調査）

一見輸入農産物・輸入原材料に比べて優位にあるように思える国産品も，ひとたび食品の安全性問題が発生すると，大きく信頼を落とすことになることを物語っている．

人間が生きていくためには，食べ物が必要不可欠である．しかも，人間にとって食べ物の対象となるのは，基本的には「生き物」であり，地球上で育った天からの恵みである．

数百万年ともいわれる人類の長い歴史の中で，つい数十年前まで，食べ物は，その季節，その場所で採れたもの，そして調理加工品などは特定の技術を有する人の手にかかったもののみが摂食可能であるというのが世の中の常識であった．ところが現在は，季節を問わず，世界中のものを全国どこにいても，しかも誰でも簡単に摂食可能となっている．

すなわち，つい数十年前までは「非常識」であったことを，日々たゆ

まぬイノベーションと努力により「常識」化してきたわけである．

4.1.2　フードチェーンの取組み

　この非常識を常識化したひとつの背景には，食料需給のグローバリゼーション化の進展がある．すなわち，本来地産地消であった食品と人間との関係が，今や地球の裏側の食材ですら短期間で食卓に乗せることが可能となった．この結果，地理的な食料収集・捕獲範囲は実質的に縮まったことになる．この取組みを水平方向の取組みとした場合，垂直方向はどうだろうか．垂直方向の取組みとは，すなわちフードチェーンの取組みを意味する．フードチェーンとは，生産―加工―流通―小売・外食―消費という各段階を鎖のようにつなげた概念を言う．昔はフードチェーンという概念は必要なかった．すなわち，母親が家族のために裏の畑で野菜を採り，調理して食卓に出すことがフードチェーンの全てであった．非常識→常識を実現したもうひとつの取組みの背景には，このフードチェーンの各段階をきめ細かに分業化することにより，効率性を高めていったことが挙げられる．結果として，この垂直方向の各取組み段階の関係は伸長化していったといえる．そして供給サイドと消費サイドとの乖離をもたらすことにもなった．

　水平方向が短縮化し，垂直方向が伸長化したという皮肉な現象の結果，非常識→常識が実現したわけである．

　ここ数十年間での供給サイドと消費サイドとの乖離の進展は深刻である．わが国が本格的な高度成長期に突入する前の昭和30年代当初のように，都会でも周辺に畑・田んぼが散在し，農家の比率も高かった状況下であれば，おそらく図4.3に示されるような農業段階に対する高い不安感は無かったのではないだろうか．

　以前，著者が横浜に住み，息子が小学校5年生1学期の社会科の授業で「農業」を習っていた時のことである．帰宅した子供が「お父さん，ぼくお米は見たことあるけど，稲を見たことがない」と言ったので，早

速自転車に乗せて田んぼを探しに行ったことがある．しかし，田んぼはもちろん畑すら見つけ出すことは出来なかった．そこで，家内の新潟の実家に頼んで送ってもらうことにしたのだが，季節外れのため，結局稲ではなく稲わらが宅配便で送られてきた．その稲わらは貴重品として学内中を回覧され，先生から丁重なお礼の電話をいただいた．この時，農業や農村が想像以上に遠くなっていることを実感した．

ちなみに，稲わらの送付元である新潟県の中越地域は全国でも有名な米どころであるが，この地でも決して乖離が進んでいないわけではない．著者の知人の話であるが，朝食のみそ汁の具に裏の畑から採ってきた大根を入れようと思い，水道水で泥を洗い流していたところ，それを見たお嫁さん（近隣から嫁入り）が「お義母さん，そんな泥がついた汚い大根は食べられません」と言って，近所のスーパーに「きれいな」大根を買いに行ったということである．

4.1.3 食べ物と人間（消費者）の関係

いずれにしても，気が遠くなるような長い人類の歴史の中で，つい数十年前から食べ物と人間の関係が大幅に変わり，それまでの非常識が常識と化したが，その背景にある水平方向と垂直方向の取組み努力及び，それを可能にしてきた開発・管理技術をあらためて認識することはきわめて意義がある．

特に，分業化が進んだフードチェーンの各段階において，日常業務に追われて働く立場とすれば，つい自分自身のテリトリーだけに眼が行き，食べ物の全体像及び食べ物と人間との関係を忘れがちになる．近年の食品事故・事件は，こうした実態が悪い形で露呈した結果ともいえる．おそらく，常に1人（1社）が1人の消費者に食べ物を供給していたとすれば，こうした問題は発生しなかっただろう．

すなわち，原点に帰って，自分の扱っている食べ物が川上〜川下（消費者）の中でどのように取り扱われているかを認識し，そしてその中で

自分がどういう役割を果たしているかということを自覚することは重要であり，このことが消費者の信頼を得る仕事につながるとともに，供給サイド間の連携の強化，さらには消費者ニーズの的確な把握などを通じて，将来の産業発展に資するものと思われる．

　中でも，最も川上にある農業段階は，商品である農産物が以前のように食材としてストレートに家庭に届けられるのではなく，加工食品を製造する企業やレストラン，食堂などの外食店，さらには弁当やそう菜といった中食を扱う店など多段階が介在することにより，消費者との距離がますます遠くなりつつある．したがって，直接のお客様は，エンドユーザーである消費者ではなく，中間業者や外食業者になりつつある．すなわち，日常業務において Business to Consumer（B to C）の感覚が薄れ，Business to Business（B to B）の意識が強まる傾向にあるとともに，商取引上の力関係から自分が作った商品（農産物）がどのように加工され，どのような取扱いをされて最終段階の消費者に届くかということをトレースフォワードできる状況にもない．ある意味で消費者との関係において，他の段階の組織・企業に比べて大きなハンディを背負っていると判断してよい．逆に，そのハンディの克服のためには，他の組織よりも相当の努力が必要であるとも言え，またこのハンディを克服することにより，他の組織との差別化を図ることが可能ともいえる．

4.2　農業における管理技術の重要性

4.2.1　食品の品質管理体制の整備

　非常識→常識のもう1つの大きな貢献者としては，フードチェーンにおける技術の飛躍的発展がある．これは，日進月歩の開発技術の創出によるものであるが，それと同時に各種の管理技術の現場への導入が貢献してきた．なぜなら，非常識度が高いほどリスクも高く，したがって確実な安全管理が求められるからである．

開発技術では，この半世紀の間だけみても，果汁などの真空濃縮技術や牛乳のテトラパックに適用されている無菌充填包装技術，お茶などの真空・ガス充填包装技術，リンゴの CA 貯蔵技術や野菜チップ製造のための真空フライ技術など枚挙にいとまがない[1]．

また，これらの技術開発と並行して，特に食品企業において，戦後品質管理活動が積極的に実施されてきた．すなわち，TQC（Total Quality Control）の考え方に基づく職場内での活発な取組みがなされる一方で，公的な第三者認証制度としての JAS（Japanese Agricultural Standard，日本農林規格）制度の普及も食品関連企業内での品質管理体制強化に大きく貢献してきたと言える．

また，制度的には，その後主要な品目について厚生省（厚生労働省の前身）が衛生管理面に関する「衛生規範」を，農林水産省が品質管理面での「製造流通基準」を策定してきた．これらは GMP（Good Manufacturing Practices，適正製造基準）などに基づき，基本的に品目ごとに構築されてきたものある．

しかし，このように食品製造業を中心として積極的に衛生・品質管理体制が整備されてきた一方で，農業分野においては農薬や肥料の適正な施用対策などは別として，本格的な安全管理体制整備の意識は遅れていた．なぜならば，本来農業は自然生態系を活用した営みであり，有史以来の経験に培われた「技能」として脈々と伝承されてきたからである．本来が自然相手の有機農業そのものであり，化学物質が農薬，肥料，動物医薬品などを通じて本格的に導入されたのはつい半世紀前からである．

4.2.2　HACCP 方式の導入

ところで，前記のように食品企業を中心に適用されてきた種々の安全・品質管理方式は HACCP（Hazard Analysis and Critical Control Point，危害分析重要管理点［監視方式］）の導入により一変したといえる．

HACCP は，1960 年代にアメリカ航空宇宙局（NASA）と宇宙食の納入

を行っている会社（Pillsbury）との共同で開発された管理手法である．

　HACCPは，それまでの抽出（サンプリング）検査方式による手法と異なり，リアルタイムのチェックが可能であり，例えば，菌数が数十個レベルで発症する恐れのある病原性大腸菌 O 157 のように，ロット管理が困難なリスクに対しても適していること，また，記録の保存を要件にしていることから事後対策にも有効なことなどから，世界各国で短期間に普及していった．

　HACCP が国際的に広まった背景には，技術面でのメリット以外に行政面での事情がある．すなわち，前記のように，近年種々の品質・衛生管理手法や管理制度が導入され続けてきた間にも，着実に食品供給に関する技術革新は進み，新しい食品や製造技術などが次々に開発されてきた．この結果，従来のように国などが管理基準などを，品目や製造・流通方法ごとにそのつど策定していくという，いわゆる一律基準・画一基準適用方式では，次第に対応しきれなくなってきたという状況がみられるようになった．

　こうした背景のもと，HACCP は，個別事業者が自らの食品や製造方法ごとに策定・導入し，その運用の適否について国などが事後チェック

表4.1　HACCPシステム適用ガイドライン
(1993年Codex規格委員会)

・手順　1；HACCPチームの編成
・手順　2；製品の記述
・手順　3；意図される使用方法の確認
・手順　4；製造工程一覧図．施設の図面及び標準作業手順書の作成
・手順　5；手順4の文書などの現場での確認
・手順　6；(原則1) 危害分析 [HA]
・手順　7；(原則2) 重要管理点 [CCP] の設定
・手順　8；(原則3) 管理基準の設定
・手順　9；(原則4) モニタリング方法の設定
・手順 10；(原則5) 改善措置の設定
・手順 11；(原則6) 検証方法の設定
・手順 12；(原則7) 記録の維持・管理方法の設定

できる個別管理手法として受け入れられてきた．

HACCPに関して唯一国際的にコンセンサスが得られている内容は，平成5年（1993年）7月に策定されたCodexガイドラインの7原則12手順である．また，この原則・手順がHACCPの全てとも言える（表4.1）．現在，どの国の制度もこの原則・手順に準拠したものとなっている．

わが国では，平成7年（1995年）の食品衛生法の改正により，「総合衛生管理製造過程」として導入された．

4.2.3　フードチェーンにおける安全対策

しかし，画期的なHACCPによる管理制度がわが国に導入されてから2つの現象が見られるようになった．その1つは，わが国の場合対象品目が限られているため，より広範な品目に対する公的認証へのニーズの高まりである．もう1つは，製造加工分野のみならずフードチェーン全体としての一貫した安全管理の重要性の高まりである．

特に，後者に関しては，HACCP制度導入後に，BSE問題などが発生し，それを契機にフードチェーン全体に対する対策の一層の重要性が認識されることとなり，法制度上にも反映された．すなわち，平成15年（2003年）に制定された「食品安全基本法」の基本理念において，食品供給行程の各段階において必要な措置を適切に実施する旨の内容が明記された．また，平成17年（2005年）に見直された「食料・農業・農村基本法」に基づく新たな「食料・農業・農村基本計画（新基本計画）」においても，フードチェーンの各段階（生産段階，製造段階，流通段階など）ごとの安全対策が示されている．このうち，生産段階には，GAP（Good Agricultural Practice，適正農業規範）の自主的導入が示されている．新基本計画においては，その他の段階の安全性確保対策として，製造段階においてはHACCPの導入促進とISO 22000の普及・啓発が，流通段階には，平成18年度までに，卸売市場における品質管理の高度化に向けた規範策定のためのマニュアル作成・定着が明記されているが，これらはいず

れも義務ではなく自主的導入の促進である．

　このうち，GAP に関しては，平成 17 年（2005 年）4 月に，農林水産省消費・安全局長から「『食品安全のための GAP』策定・普及マニュアル（初版）」を添付した「食品安全のための GAP の普及及び推進について」の通知が出されている[2]．

　ちなみに，「食料・農業・農村基本計画」は農林水産省や厚生労働省といった個別省庁が策定したものではなく，閣議決定をされた政府全体としての計画として位置づけられているものである．

　一方，同計画における「消費者の信頼の確保」の部分では，「生産・加工・流通の各段階において，食品の生産や流通に関する情報が追跡・遡及できるトレーサビリティ・システム（生産流通情報把握システム）について……，農業者・食品産業事業者による自主的な導入を促進する」旨の内容が記載されており，安全と安心の両面の施策が掲げられている．

　ところで，わが国への HACCP 導入以降の動きとして，規制措置などに関する行政の関わり方の変化がある．すなわち，国民の主体性と自己責任を尊重する観点から，民間能力の活用，事後監視型社会への移行を図る方針に基づき，事業者の自己確認を基本とした制度に移行する動きがみられる．

　これらは，平成 14 年（2002 年）に閣議決定された「公益法人に対する行政の関与の在り方の改革実施計画」の基本原則に示されている「行政の裁量の余地のない形で国により登録された公正・中立な第三者機関（「登録機関」）による検査・検定等の実施」の方針などを受けたものである．

　また，平成 15 年（2003 年）に改正された食品衛生法の重点的改正の柱として，「食品等事業者による自主管理の促進」とフードチェーン全体を視野に入れての「農畜産物の生産段階の規制との連携」が挙げられた．なお，具体的な改正内容としては，農薬などのポジティブリスト制の導入や天然物質を含め既存添加物の使用禁止が打ち出されるとともに，監

視・検査体制の強化の一環として輸入監視体制の強化が図られた．

　一方，こうしたフードチェーン全体を対象とした動向は，わが国だけに見られることではない．EUにおいても2006年1月から食品の新規制が導入され，その指令の中にフードチェーン全体での対応の必要性が明記されるとともに，付属書［ANNEX］に1次生産物及び関連作業に関する一般衛生提言が示された．

　また，平成17年（2005年）9月には，ISO 22000：2005（食品安全マネジメントシステム—フードチェーンの組織に対する要求事項）が発行された．この規格は，農業など生産段階から小売・外食まで食に関する全ての組織を対象としており，同規格が求めている食品安全マネジメントに必要な要求事項を満たせば，審査登録機関により第三者認証を受けることができる仕組みとなっている．具体的な管理方法としては，HACCPプランとともに前提条件プログラム（PRP：Prerequisite Program）が挙げられており，GAPはこのPRPの代替用語として位置づけられている．

4.3　メリットを基軸とした農業の安心対策

4.3.1　安全対策と安心対策

　フードチェーン全体として安全性を確保する必要があり，その中で農業分野における対策も例外ではない．

　消費者が具体的にどういう内容に関して不安を抱いているかを質問したアンケート調査結果（図4.4）によれば，第1位は「農薬」である．2〜4位は「輸入食品」，「添加物」及び「汚染物質」で，いずれも60％以上の人が「不安」を感じており，5位以下に比べ圧倒的に高い結果となっている．ちなみに，2位の「輸入食品」の不安内容も「農薬」や「添加物」であることから，上位の4項目はいずれも化学物質に対する不安と考えてよい．

　ところで，実際に発生している食中毒の原因は何であろうか．表4.2

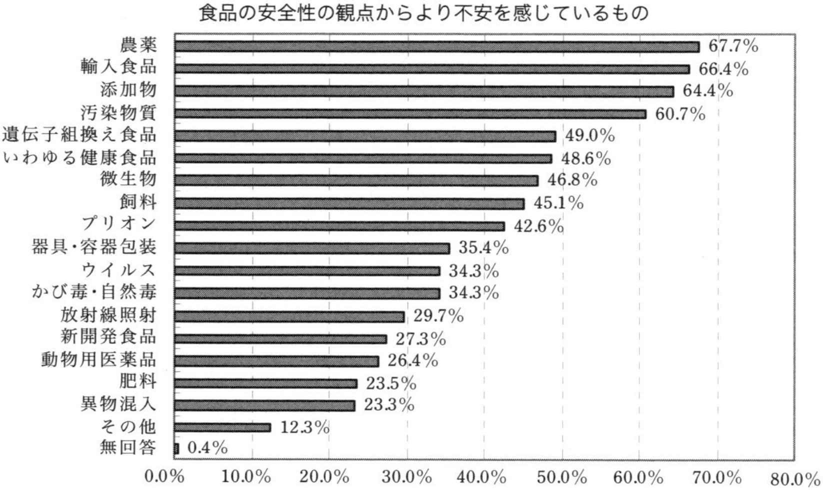
食品の安全性の観点からより不安を感じているもの
農薬 67.7%
輸入食品 66.4%
添加物 64.4%
汚染物質 60.7%
遺伝子組換え食品 49.0%
いわゆる健康食品 48.6%
微生物 46.8%
飼料 45.1%
プリオン 42.6%
器具・容器包装 35.4%
ウイルス 34.3%
かび毒・自然毒 34.3%
放射線照射 29.7%
新開発食品 27.3%
動物用医薬品 26.4%
肥料 23.5%
異物混入 23.3%
その他 12.3%
無回答 0.4%
0.0% 10.0% 20.0% 30.0% 40.0% 50.0% 60.0% 70.0% 80.0%

図 4.4　食品の安全性に不安を感じているものランキング

資料：平成 15 年 9 月 5 日～ 19 日　食品安全モニター 470 人　内閣府食品安全委員会

表 4.2　物質別食中毒発生状況

物質名	事件数 (死者数)	発生率 (%)
総　　数	1,545 (7)	100
細　　菌	1,065 (1)	68.9
ウイルス	275 (0)	17.8
自 然 毒	106 (6)	6.9
化学物質	14 (0)	0.9
そ の 他	8 (0)	0.5
不　　明	77 (0)	5.0

資料：平成 17 年度 厚生労働省調査.

に示すように圧倒的に微生物やウイルスに関したもので，毎年 85 ～ 90 %を占めている．化学物質によるものは 1 %にも満たない結果となっている．

このことは，農薬や添加物については施使用時だけ十分注意し，適切に基準遵守がなされていれば確実に安全性を確保できるのに対して，微生物類は「増殖」という特性があることに考慮する必要があることを物

語っている．例えば，たった1個の菌でも，15分間に2つに分裂するものであれば5時間後には100万個以上になる．微生物類については，農場から食卓，いや口に入るまで適切な取扱いが必要となる．

一方，発生した食中毒の約半分が，フードチェーンのどの段階が原因か不明であることも，現代の特徴である．これは多段階を経るケースが多くなっていて「犯人」が分からない場合が多いことにも起因する．しかし，これまでは「犯人」が分からないため「シロ」となっていたとしても，今後は各段階で自ら「シロ」の証明を求められる時代になる．

以上のように，実現場での「安全性」の実態と消費者の「安心」とのギャップをいかに埋めていくかという点が大きな課題となる．安全対策は科学的客観的に対応できても，安心対策は心理的分野のため容易ではない．特に，農業は前記のように，消費者との乖離が予想以上に進んでおり，フードチェーンのより川下段階の業種とのハンディも大きい．また，今後なま・半なま製品のニーズ拡大が進むと，生産段階では農薬などの化学物質だけではなく微生物汚染に対する対策もきわめて重要となる．特に，微生物の増加は初期菌数に大きく依存することから，最も川上の農業段階においては十分な注意が必要となる．

これらの対策としては，安全と安心対策をリンクさせていくことが理想的である．

4.3.2　安全・安心対策の実際

具体的には，まずは安全対策として，GAPなどの手法の導入により，生物学的・化学的・物理的な分野に対するリスク管理を徹底することが望ましい．

自主管理制度の条件として，①GAPなどにより個々の施設の状況に応じた最適な管理方法を自ら定めること（自主性），②文書化（マニュアル化）することにより，具体的内容を明確化すること（具体性），及び③管理方法のマニュアル化と履行状況の記録により客観的に確認すること

（客観性）が求められる．この場合，一気に理想的な管理体制を作る必要はない．GAP や HACCP は，Plan → Do → Check → Action といういわゆる PDCA サイクルを回すことにより，その品目，圃場，栽培方法などに最も適した個別の管理方法に収斂されていくシステムだからである．したがって，不完全で未熟な段階からでも，まずはトライアル的に始めることが望ましい．

いずれにしても，次の安心対策とリンクさせるためにも，こうした安全対策は不可欠となるが，実際には日頃の管理方法においてフードチェーン全体の中で自らがどういう位置づけにあり，どのような役割を果たしているかということを認識していることは，きわめて意義があることである．また，組織での責任体制や文書管理などのシステムマネジメントの考え方を取り入れておくことも有効である．

その点では，ISO 22000 : 2005 規格の中の要素として「相互コミュニケーション」及び「システムマネジメント」に関する要求事項が具体的に規定されていることが参考になる．また，同規格の要求事項を満たしていれば，同規格に準じていることを「自己評価」や「自己宣言」として対外的に示すことができるとともに，審査登録機関に審査を依頼し登録することにより第三者による認証を受けることもできる．現在，GAP については，第三者の認証を受けるためには，個々の民間会社などが作っている認証の仕組みを活用するしかなく，唯一国際的でかつ半公的制度としては ISO 22000 : 2005 のみである．

一方，安心対策としては，食品安全基本法の「食品関連事業者の責務」に基づき，正確かつ適正な情報提供に努力することが重要となる．具体的には，表示の適正化とトレーサビリティシステムなどの導入・活用が有効となる．

このうち，トレーサビリティシステムは，効果的な活用法を取り入れることにより，対消費者だけをみても，① 圃場レベルでの「知ってもらいたい」付加価値情報を積極的に伝えることができ，② 電子タグや

二次元コードなどの媒体を用いることにより，表示では扱えない多くの情報を伝えることができるとともに，個々の消費者ごとに異なる知りたい情報を消費者の選択に委ねることにより的確に伝達することができる，③ 平常時からの食育媒体として，生産段階の信頼確保を図ることができる，というメリットがある．

4.3.3　情報管理の重要性

　ここで重要なことは，トレーサビリティシステムはあくまでも情報管理システムであって，安全管理システムではないということである．現在，国が行っている同システムの施策は「安全・安心」対策の一環として位置づけられている．すなわち，事故発生時における原因究明や回収の迅速な対応が可能となることから，的確でしかも出来るだけ小単位のロット管理がなされていれば，過度な回収や廃棄を押さえることができる．この機能は万が一の時の保険のようなものであり，大規模な施設整備を伴うことなく「紙」ベースでも対応が可能である．

　しかし，「情報管理」のための本格的なシステム導入という観点でみれば，安全・安心情報だけを対象にするわけにはいかない．活用によっては，前述のような消費者との乖離の是正や消費者からのニーズの把握に役立ち，それらの解析により今後の開発シーズの創出につなげることも可能である．また，日常の商品管理面でも活用できる．特に，今後ますます「物」と「情報」の分離による商取引が進むとなると情報管理はきわめて重要となる．

　本来わが国の消費者ニーズは，パーソナルユース化しており，親と子，兄弟同士でも異なる傾向にある．しかもブランド志向である．特に，今後の消費トレンドの鍵を握り700万～900万人とも言われる団塊の世代はこだわりを持つ層である．また，もう1つの年代ピークである団塊ジュニア層は子育て時期にあり，子供の教育にはきわめて関心が高く支出を惜しまない層である．すなわち，団塊，団塊ジュニア及びその子

供世代のニーズ把握をした者が「勝ち組」となると言ってもよい．

そのためには，一層多様化し，かつ短寿命化するニーズをいかに商品開発につなげるかが勝負となる．これからは，大量画一販売のメリットを活かした商法はこれまでほどではなくなることが予想され，少量多品目化がますます進展すると思われる．大手量販店などの本社・本部仕入れから，支店単位の判断によるきめ細かな品揃えが求められ，また，経費の効率化のために，現在多くの企業で見られる開発ロスをいかに少なくするかも大きな課題である．

すなわち，これらの動向を踏まえた場合，いかにニーズを把握し，その関連情報を単なる管理だけではなく解析の段階まで行うかが重要となってくる．このことは，農業分野でもそのまま当てはまる．情報管理システムとしてのトレーサビリティシステムは，活用方法によってはこうした機能を十分に発揮できるものであり，安心機能だけでなく上記のマルチ機能を活用することで投資価値が得られるものと思われる．

こうした有効な情報の管理レベルから解析までを自社で行うことは結構困難であるが，最近それを本格的にアウトソーシングしている企業もみられるようになった．このことは，農業レベルでも当てはまることであり，地域ぐるみで対応することは十分可能である．

いずれにしても，食品ニーズの少量多品目化や短寿命化は，ある条件を前提として，地域の小規模農業のビジネスチャンスを増大するものと思われる．その条件とは「安全」であることを客観的に証明できることである．

その対応は容易ではないが，他の農家も全く同じ条件であることを認識することが重要であり，この分野での取組み努力により確実に差別化することができることも確かである．また，このことは国際的にも言えることであり，特に今後農産物の輸出拡大を図る場合には必須条件となる．

安全性や健康に関心のない国民がいないことを考慮し，図 4.1 の優位

性を活かすことができれば，わが国農業の需要量のパイを確実に拡大することも可能と判断される．

参 考 文 献

1) 木村　進：「食生活と食品産業の進歩」, *packpia*, 8月号, 8–31 (2005)
2) 農林水産省ホームページ　http://www.maff.go.jp/www/press/cont2/20050428press_14.html

（池戸重信）

5. 農林水産分野における新技術開発
―東北農業研究センターの研究成果と今後の研究課題―

　独立行政法人 農業・食品産業技術総合研究機構（以下，農研機構）は，わが国の農業に関する技術の向上並びに国民の食生活の向上に寄与する試験研究について，5年間に達成すべき中期目標に基づき，5年間の研究の計画（中期計画）を定め，専門研究所及び地域研究所ごとに研究を分担して実施している．本章では，まず第1期中期計画期間（2001～2005年）における東北農業研究センター（以下，東北農研）の主要な研究成果を概観し，次いで第2期中期計画期間（2006～2010年）において東北農研が担当する研究課題を紹介する．

5.1　第1期中期目標期間における主な研究成果

5.1.1　水稲の省力・低コスト・安定生産技術の開発

　品種では，いもち耐病性，耐冷性が極強い良食味品種「ちゅらひかり」(沖縄県で奨励品種)，耐冷性が極強く，GABA含量が高い巨大胚米品種「恋あずさ」(図5.1)，直播に適する飼料稲専用品種「べこあおば」，赤米うるち品種「紅衣」，赤米もち新品種「夕やけもち」，さらに観賞用品種「奥羽観383号」を育成した．さらに，食味の良い直播用新品種「萌えみのり」を育成した．

　栽培生理面では，湛水直播栽培の出芽性に種子や胚中の糖含量や糖代謝酵素の活性が関与していることを明らかにし，出芽性向上のための品種選定や種子予措技術（良好な発芽や出芽を得るため事前に吸水・加温などの措置を行うこと）確立に有効な知見を得た．また，飼料稲品種の高い乾物生

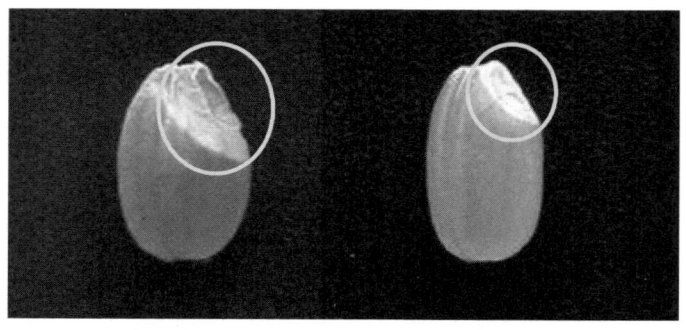

図 5.1 GABA（γ-アミノ酪酸）を多く含む巨大胚水稲「恋あずさ」
胚芽の重さは「あきたこまち」の約2倍．
玄米に含まれる GABA 含量は 13.0 mg で，「あきたこまち」玄米の 6.5 倍．

産性を実証し，施肥法を策定するとともに，着粒突然変異系統が飼料稲の消化性向上に寄与する可能性を示した．さらに，玄米胴割れ発生への登熟初期の高温の関与を明確にし，水管理などの対応技術の有効性を検証するとともに，玄米タンパク質低減のための過度な少肥条件による収量・品質の不安定化の可能性を示した．

5.1.2 高品質な国産大豆の育成と安定生産技術

モザイクウイルスとシストセンチュウに抵抗性で良質・安定多収，豆腐加工適性も優れ，イソフラボン含量が多い「ふくいぶき」を育成し，福島県の奨励品種に採用された．モザイクウイルスに抵抗性で耐倒伏性に優れる納豆用の小粒品種「すずかおり」を育成し，山形県の奨励品種に採用された．

子実中の貯蔵タンパク質7Sグロブリンのα, α'サブユニットを欠失した低アレルゲン・高栄養価の「ゆめみのり」，種皮と子葉が緑で緑色食品の製造に適した早生・多収，耐倒伏性の「青丸くん」，大豆特有の青臭みが少ないリポキシゲナーゼを全て欠失した「すずさやか」，リポキ

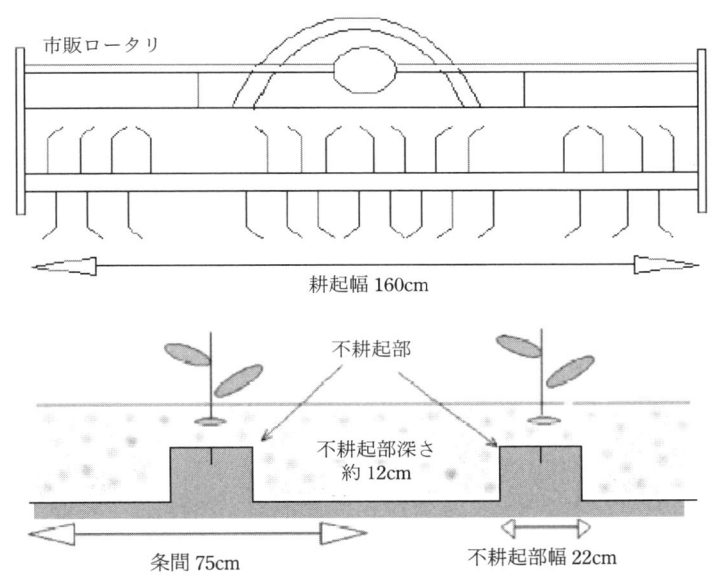

図 5.2 有芯部分耕（ロータリ爪の配置と播種床の様子）

シゲナーゼを全て欠失するとともにグループ A アセチルサポニンを欠失して青臭みやえぐ味が少ない「きぬさやか」を育成した．

　播種条直下が不耕起となるようにロータリ爪の配置を換えた大豆の有芯部分耕播種技術（図 5.2）を開発し，湿害に強く増収効果があることが現地実証試験で確認された．逆転ロータリの利用で作業速度の向上が認められたが，さらなる速度向上が課題である．

5.1.3　高品質な麦品種の育成と生産技術

　早生で耐寒雪性，耐病性を有し製パン適性が優れる寒冷地向け硬質小麦「ゆきちから」と強稈・多収で耐病性が強く，製パン適性がやや優れる寒冷地向け硬質小麦「ハルイブキ」を育成した．また，「はつもち」，「もち乙女」より，耐寒雪性，収量性，製粉性，粉の色相が優れ，めん用小麦に近い品質特性を有するもち性小麦品種「もち姫」を育成した．

同品種は青森県での普及を見込んでいる．パン用品種・系統のうち，「ゆきちから」，「東北215号」などは中華めん適性を有することを明らかにした．

高製めん適性で難穂発芽，早生・多収品種「ネバリゴシ」の高品質・多収栽培法を確立し，栽培面積が約2,000 haに拡大し，寒冷地の中核品種となった．

5.1.4 自給飼料型畜産に向けた技術
(1) 牧草育種と牧草生産

ライグラス類とフェスク類の雑種であるフェストロリウムの既存品種から多収の「東北1号」，北東北水田向け早生イタリアンライグラス「東北2号」，「東北3号」を育成し，適応性検定試験などを開始した．フェストロリウムは両親の性質を受け継ぎ，消化性が高く，耐湿性・耐暑性が向上するので，集約的な放牧の適用地域の拡大が期待される．

湿潤な耕作放棄水田の草地化に向く耐湿性，生産性に優れる草種として，多年生牧草ではリードカナリーグラスやフェストロリウム，一年生牧草ではイタリアンライグラスが有望であることを明らかにした．

シロクローバのリビングマルチが雑草防除効果と土壌肥沃度向上効果を持つことを確認し，これを活用して飼料用トウモロコシの無農薬・低化学肥料栽培技術を開発している．シロクローバによるリン酸肥沃度向上効果は，トウモロコシ根の菌根菌の形成率が高まることにより生じることを見出した．

飼料稲の栽培，収穫，調製，給与の一連の研究を行い，自脱コンバインの汎用利用の有効性，予乾体系で細断型ロールベーラーで調製した稲発酵粗飼料の高品質性，新乳酸菌の稲発酵粗飼料への適用効果，黒毛和種及び日本短角種去勢牛への多給による利用と特徴を解明して，肥育方法を実証した．

(2) 放牧肥育

北東北の家畜資源「日本短角種」は，健強で放牧に向き，滋味のある赤身肉を産する特徴がある．この日本短角種を山間の草・林地で放牧してから，地域飼料資源（牧草，地域産小麦のフスマ，地域産リンゴの搾り粕など）を活用して増体・肥育する技術，すなわち地域産飼料100％で牛肉をつくる技術を開発した．日増体量0.8～1kgの生産性と生産コスト削減を実現するとともに，放牧仕上げにより牛肉中のビタミンE及びβ-カロテンを高め，ドリップロスを低減できることを実証した．

放牧を取り入れて牛肉生産を行うと，放牧期間中は，長鎖脂肪酸を燃焼するのに必要な機能性物質であるカルニチンは有意に上昇するが，カルノシンはやや減少する傾向があった．また，食味に関与する遊離アミノ酸は，肥育期間を25か月から35か月と延長することで減少することが認められた．また，このような地域資源を活用した牛肉づくりは，食料・飼料自給率の向上に寄与するだけでなく，地球温暖化負荷の低減にも貢献することを明らかにした（図5.3）．

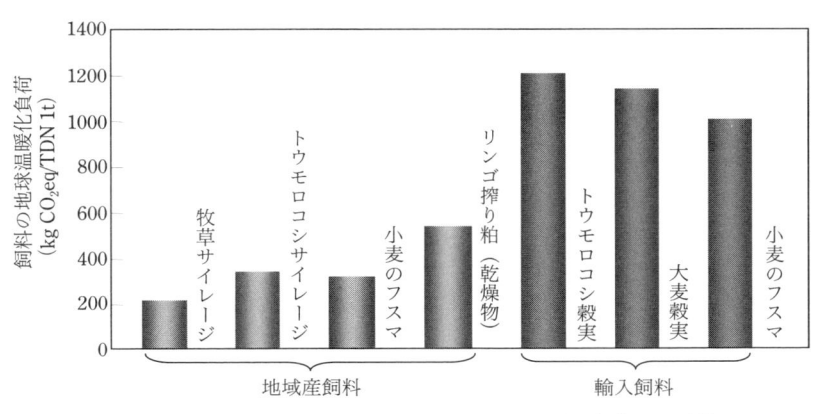

図5.3 地域資源を活用した牛肉づくりの地球温暖化負荷の低減効果

5.1.5 バイオマス利用技術及び畜産廃棄物管理技術など

ナタネ油を原料としてバイオディーゼル燃料（BDF）を作ると，軽油の代替となることから，廃食油などを用いてBDFを製造する取組みに着手している．また，稲わらのバイオマス利用を目指した，キノコの高発現ベクターの構築に初めて成功した．

ソルガムはカドミウム（Cd）蓄積能が高く，実用的な修復植物であること，ソルガムを2年間栽培して修復した土壌に大豆を栽培すると子実中のカドミウム濃度は修復前土壌栽培時の半分以下に低下することが分かった．カドミウム収奪効率を向上させるための栽培マニュアルと実用規模専用焼却炉の仕様書を作成した．

家畜ふん堆肥や稲わら堆肥中窒素の水稲による利用率や土壌への残存率を重窒素標識法で解析し，土壌への残存率が高いことを示した．また，有機物長期連用に伴う土壌の重窒素自然存在比の推移を明示した．

5.1.6 環境保全型病害虫・雑草管理技術

(1) 稲作病虫害

イネ表皮細胞内での抵抗性反応観察実験系を確立，真性抵抗性遺伝子検定に有用な病原性スペクトラムの広いいもち病菌菌株を作出し，さらには，圃場（ほじょう）抵抗性遺伝子―いもち病菌の非病原性遺伝子の遺伝的対応を解析して「遺伝子対遺伝子説」が成立していることを明らかにした．また，中部32号が有する圃場抵抗性遺伝子Pi 34の同定，単離の試みなど，イネの品種抵抗性を活用した防除法を開発するための基礎的知見を得た．また，マルチラインシミュレーションモデルにより，多系統，多レース条件下での発病や複数年における抵抗性系統上のいもち病菌の変異率を検証し，マルチラインが真性抵抗性を活用した効果的な防除法であることを明らかにした．

イネ葉いもち病勢進展モデルによる農薬散布要否の意思決定支援システムを開発した．また，いもち病抵抗性同質遺伝子系統におけるいもち

病菌個体群の動態解析用格子モデルを開発した．

　斑点米カメムシの畦畔雑草に対する選好性や増殖特性を明らかにした．移動分散の実態を解明するために必要な，エナメルや蛍光顔料を虫に塗布する標識法を開発した．この標識法を用いて虫の大規模な放飼と再捕獲の試験を行い，イネの出穂期以降に畦畔を除草すると，カメムシが水田に追い込まれ定着して斑点米を起こしやすくなることを明らかにし，経験的に行われている防除方法が正しいことを実証した．さらに，カメムシの発生消長を調査する際に用いられる捕虫網による成虫のすくい取り調査の捕獲効率が約20％であることを明らかにした．

(2)　畑作病虫害

　キャベツ苗にキャベツ萎黄病菌由来の病原性喪失菌を移植4日前に接種し，その3日後に低分子量キチン（分子量3,000～50,000）を処理したあと，圃場に移植すると，移植後42日以上にわたって萎黄病の発病を顕著に抑制することを明らかにした．また，植物抽出物であるニーム資材が，植物寄生性線虫や害虫あるいは天敵に与える影響を評価し，虫害防除資材としての効果を確認した．さらに，キュウリホモプシス根腐病やリンドウ「こぶ症」について，原因微生物の生理生態的特性を解析した．

(3)　雑　　　草

　タイヌビエの個体群動態の解明を通じ，防除価と土中種子密度の定量的関係をモデル化した．このモデルにより，地上部植生に加え土中種子集団の動態も考慮した長期的視点での要防除水準の策定が可能となった．除草剤抵抗性雑草の迅速検定法を多くの草種に適用可能とし，また交差抵抗性を含む抵抗性変異の多様性と抵抗性系統の休眠特性の感受性系統との相違を明らかにし，抵抗性雑草に対する的確かつ迅速な対応を可能とすることで，抵抗性雑草対策としての除草剤多投傾向の是正に貢献し

た．自然集団における抵抗性変異の存在頻度を明らかにし，抵抗性雑草の出現予測モデルの構築を通じ予防的雑草防除技術研究への端緒を開いた．

稲の条間を機械除草し，株間・株元には画像検出により除草剤を局所散布するハイブリッド除草機を試作した．一方で，散布ノズルの位置制御を行わない簡易型の場合，移植3週間後と6週間後の2回のハイブリッド除草作業で十分な効果が得られることを明らかにした．

大豆を不耕起栽培すると一年生イネ科雑草が増加することから，前作に大麦を栽培するカバークロップ体系を開発した（図5.4）．さらに大麦を用いた大豆のリビングマルチ栽培法を開発した．大豆のリビングマルチ栽培は，雑草の埋土種子量が1,000粒/m^2以下の圃場で適用できる可能性があることを現地試験で明らかにした．これらは除草剤の削減を可能とする畑作物の栽培技術のプロトタイプである．

(4) 露地野菜作における肥料・農薬施用量削減技術

キャベツ・ハクサイなどの生育に効果がある，うね中央部にだけ肥料や根こぶ病防除剤などの農薬を土壌と混和して施用するトラクター装着

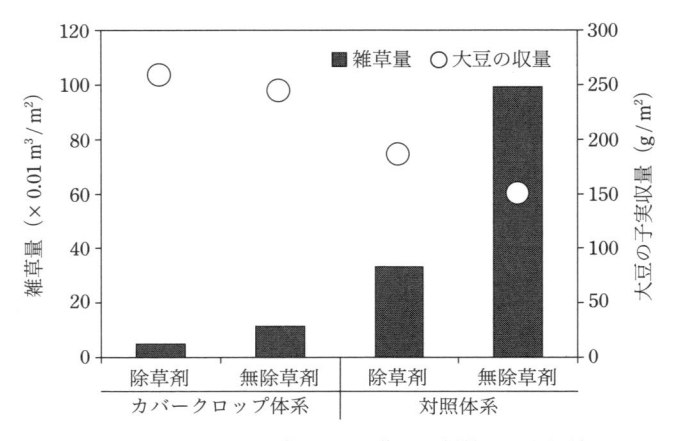

図5.4 カバークロップによる雑草の抑制効果と増収効果

図 5.5 トラクター装着型のうね立て同時部分施用機（上）と肥料等資材の混合域（下）

型のうね立て同時部分施用機を開発した（図 5.5）．化成肥料施用量を 30〜50％低減することが可能である．

5.1.7　ゲノム育種による新規作物の開発

ダイズの安定した遺伝子導入系の開発及び媒介アブラムシを用いた効

率的な抵抗性検定法などを開発して，ダイズわい化ウイルスの外被タンパク質遺伝子領域を導入したダイズ組換え体を作出し，選抜個体を得た．コムギにおいては，部分的モチコムギ選抜マーカー，製パン性の向上に寄与するグルテニンサブユニット選抜マーカー，高アミロースコムギ選抜マーカーを開発し，マーカー選抜を品種育成に導入した．これらDNAマーカー開発の基盤整備としてコムギ種子発達過程で発現する遺伝子を網羅的に解析するDNAチップも開発した．さらに，ダイズにおいては7Sグロブリンの欠失系統選抜マーカーを開発した．

5.1.8 地球温暖化の影響評価や気候変動への対応技術
(1) 農業生産に及ぼす温暖化の影響の圃場実験などによる推定

開放系大気CO_2増加実験（FACE）（図5.6）及び温度勾配チャンバー実験により，①高濃度CO_2（大気CO_2濃度+200 ppm）の稲乾物生産促進作用は，多窒素条件で高まり，高濃度CO_2＋多窒素で現行収量水準に比べて最大30％強の増収が可能であること，②早生種は晩生種に比べて窒

図5.6 岩手県雫石町における開放系大気CO_2増加実験（FACE）

素濃度の変動を介した促進作用の変化が小さく，安定的に高い促進作用が得られること，③ 多窒素条件で助長される倒伏が，高濃度 CO_2 で軽減されること，④ イネいもち病ならびに紋枯病の感受性が高濃度 CO_2 で高まること，⑤ 高濃度 CO_2 で穂ばらみ期の低温による障害不稔が増大し，もみ数の増加効果を打ち消すこと，⑥ 高濃度 CO_2 で，出穂期を中心に水田からのメタン放出量の増大が顕著となることなど，を明らかにした．

(2) 冷害など気候変動対策

イネの葉いもち病に対する感受性評価モデルや障害不稔予測モデルを開発し，東北地方を中心とした水稲冷害早期警戒システムとして，Web 上で公開している（http://tohoku.naro.affrc.go.jp/cgi-bin/reigai.cgi）．2003 年の冷害時には，7 月 26 日以降，最高ランクの警戒を呼びかけたところ，アクセス数が急増し，8 月の総アクセス件数は 120 万件を超えた．4 ～ 10 月の総アクセス件数も前年の 160 ％と，本システムが活用され，大幅な減収の回避に寄与した．2005 年には気象予報値を用いた発育予測モデルを組み込み，水稲において，当日より 9 日先までの気象予報値を用いることにより，発育ステージやいもち病感受性を事前に予測することができるようになった．これにより，冷害危険期の判定や深水管理などの被害軽減対策の要否についての情報発信がより早期に可能となる．

5.1.9 地域農業の先進的展開を支える技術
(1) 寒締め菜っぱ栽培技術の確立

冬の寒さを利用してホウレンソウやコマツナなど葉菜類の糖度を高める「寒締め」栽培では，根が冷やされることにより吸水量が低下し，地上部の糖度やビタミン類を上昇させる一方で，硝酸含量を低下させること，また，シュウ酸含量は増加しないことを明らかにした．

このような「寒締め」栽培などの新技術の導入・普及には，集落に中

核となるキーパーソンがハブとなるような車輪型の情報伝達システムが必要なことを明らかにした．高付加価値を実現するための，新たな流通チャネルとして，共販に特化することなく，多様な相対取引という複線の流通チャネルが有効であることを提示した．

(2) 夏秋どりイチゴ栽培技術の開発

イチゴの休眠・花芽分化などの特性の解明に基づき，短日処理，越年株の利用，四季成り性品種による東北地域での夏秋どり栽培技術を開発し，栽培マニュアルを作成し，現地実証試験を実施している．このため，四季成り性の2品種，大果で食味が優れ，夏秋期の生食用に適した「なつあかり」，果実の外観が美しく，光沢があり，果実の揃いがよく，うどんこ病に強く，夏秋期のケーキ用に適する「デコルージュ」を育成した．

(3) その他地域特産作物など

国産ナタネの多用途化を目指して，分解すると家畜に対して毒性を示すグルコシノレートの含有量が低く，大量に摂取すると人体（特に心臓）に好ましくないとされるエルカ酸（エルシン酸）を含有しないダブルローナタネ品種「キラリボシ」，及び温暖地向けの無エルカ酸品種で多収な品種「ななしきぶ」を育成した．前者は山形県内で数 ha，後者は滋賀県などで約 40 ha 栽培されている．

東北地域向けに成熟期が早生で短稈・多収のハトムギ新品種「はとゆたか」を育成し，平成18年より作付け可能となっている．また，ソバでは，多収や耐倒伏性の個体・系統の選抜を進め，40系統を得た．

(4) 健康機能性

トマトの赤色色素リコペン（カロテノイド色素の一種）が，機能性などから注目を集めている．日本のトマトはリコペン含量の少ないものが主流

図 5.7 高リコペントマト「とまと中間母本農 10 号」

で，特に低温期に着色が優れない．そこで，リコペン含量の非常に高い「とまと中間母本農 10 号」(図 5.7) を育成し，さらにこれを利用して，㈱カゴメと共同で実用品種「KGM 051」を発表した．また，クッキングトマト品種「にたきこま」を育成した．

桑葉に含まれる血糖値改善成分の 1-デオキシノジリマイシン (DNJ) の簡易定量法を開発し，DNJ を高含有する品種や栽培条件などの検討により，従来の市販品よりも DNJ を 10 倍高含有する桑葉食品を試作した．

ソバスプラウトフラボノイドがマウス血中に移行することを確認し，血中濃度を明らかにした．ソバスプラウトの抗ストレス効果を確認するとともに，アレルギーの改善作用を示唆する結果を得た．糖尿病モデルマウスによりソバスプラウトの生体内抗酸化作用を確認し，血糖値の低下など，糖尿病に関する症状の改善が期待できることを明らかにした．ソバスプラウトのアントシアニンを同定し，植物体内の分布，スプラウト抽出物の抗酸化性への寄与を明らかにした．気管支喘息モデルマウスにより，ヒエのマウス肺胞洗浄液中の好酸球数減少，炎症性サイトカインなど遺伝子発現の抑制傾向を確認し，アレルギー反応抑制効果が期待できることを示した．

5.2 第2期中期計画において東北農研が担当する研究課題の概要

平成18年4月からは，農研機構が第2期中期計画で実施する研究開発を分担し，中・長期的展望に基づく地域農業に関する総合研究及び地域条件に立脚した基礎的・先導的な研究を，機構内外の機関，大学などと密接な連携を取りながら効率的に推進する．このため，従来の研究部・室制を廃し，新たな研究チーム制のもとで，東北農研では14のチームと8つのサブチームが，地域農業技術の革新と食の安全・信頼の確保への研究開発を進めている．

5.2.1 地域の条件を活かした高生産性水田・畑輪作システムの確立

① 地域の条件を活かした水田・畑輪作を主体とする農業経営の発展方式の解明（東北地域活性化研究チーム）

東北地域の農業の担い手や農業の生産構造について，農業センサスなどのデータの解析や，先進事例の実態調査などを行い，これまでの動向と将来の展望を明らかにし，全国との比較の中で，東北地域農業の向かうべき方向を提示する．また，特別栽培米や日本短角牛，リンゴなどの東北を特徴づける地域食材を通して，マーケティングリサーチなどの手法を用いて新たな産地戦略の策定を支援し，消費者との連携を重視して地域を活性化する方策を提示する．

② 省力・機械化適性，加工適性，病害虫抵抗性を有する食品用大豆品種の育成と品質安定化技術の開発（大豆育種研究東北サブチーム）

東北などの寒冷地向けに，外観品質に優れ，倒れにくく，コンバインでの収穫に適した豆腐用大豆品種や，地域ニーズに対応した青豆・黒豆，納豆用小粒，リポキシゲナーゼ欠失大豆などの特殊用途大豆品種の育成に取り組む．さらに豆腐の食味や硬さなどの加工適性に影響を及ぼす大豆種子成分についての研究を行う．

③ 寒冷・積雪地域における露地野菜及び花きの安定生産技術の開

発（寒冷地野菜花き研究チーム）

寒冷・積雪地域の露地で栽培される野菜及び花き生産の安定化のために，越冬春どり栽培を可能にするハクサイ品種や，早晩性の異なる心止まり性トマト品種を育成するとともに，シュウ酸・硝酸含量が少ない寒冷地向けホウレンソウ系統を開発する．また，寒冷・積雪地域の気象条件に対応可能な栽培技術として，冬期間野菜・花き栽培用の簡易施設化技術，積雪地におけるネギの新作型，キクの冷涼気象向き生育・開花期調節技術を開発する．さらに，ニンニクの周年安定供給を可能にする品質保持技術，中長期低温貯蔵球根を用いた高品質ユリ切り花栽培技術，キュウリホモプシス根腐病やリンドウ「こぶ症」の発生低減技術を開発する．

④ 地域条件を活かした高生産性水田・畑輪作のキーテクノロジーの開発と現地実証に基づく輪作体系の確立（東北水田輪作研究チーム）

東北地域における土地利用型農業の担い手を支援できる低コストで多収・高品質生産が可能な稲・麦・大豆などを基幹とする高生産性水田輪作体系の確立を目指す．

5.2.2 自給飼料を基盤とした家畜生産システムの開発

① 直播適性に優れた高生産性飼料用稲品種の育成（低コスト稲育種研究東北サブチーム）

苗立ち性や耐倒伏性に優れるなど直播適性が高く，病害複合抵抗性を兼ね備えるなど低コスト栽培が可能な飼料用多収品種を育成する．

② 地域条件を活かした飼料用稲低コスト生産技術及び乳牛・肉用牛への給与技術の確立（東北飼料イネ研究チーム）

東北農業の基幹である稲作と畜産を有機的に結びつけ，環境保全に配慮した東北型耕畜連携システムを構築するために，新しい飼料稲品種と家畜ふん堆肥を利用した飼料稲の低コスト栽培・調製・貯蔵技術を開発するとともに，飼料稲サイレージの高品質安定化を図り，肉用牛への効

率的な給与技術を開発し，開発技術の実証と東北での拡大方策を明らかにする．

　③　粗飼料自給率向上のための高 TDN 収量のトウモロコシ，牧草などの品種育成（飼料作物育種研究東北サブチーム）

ライグラス類とフェスク類の雑種であるフェストロリウムと寒冷地向けのイタリアンライグラスの新品種の開発を行う．

　④　地域条件を活かした健全な家畜飼養のための放牧技術の開発（日本短角研究チーム）

日本短角種を活用し放牧技術を取り入れた健全で良質な牛肉生産技術とその評価法の開発および，公共草地などを活用して生産された牛肉のマーケティング戦略とその支援システムの開発を行う．

　⑤　飼料生産性向上のための基盤技術の確立と土地資源活用技術の開発（寒冷地飼料資源研究チーム）

トウモロコシの不耕起栽培に対応した播種技術，肥培管理技術，雑草防除技術などを開発し，寒冷地に適した省力的な飼料生産体系を提示する．フェストロリウム新品種などを活用した草地の植生改善技術やフェストロリウム草地の放牧・採草利用技術を開発する．さらに，放牧による草地植生遷移の解明，草地生態系に及ぼす動物薬の影響の評価，牧野草類の機能性評価に関する研究を行い，放牧草地の保全・管理技術の開発を目指す．

5.2.3　高収益型園芸生産システムの開発

　①　寒冷・冷涼気候を利用した夏秋どりイチゴ生産技術と暖地・温暖地のイチゴ周年生産技術の確立（夏秋どりイチゴ研究チーム）

寒冷・冷涼気候を利用した夏秋どりイチゴの高収益生産を実現するため，寒冷地向けイチゴ品種を育成するとともに，短日処理，越年株，四季成り性品種を利用した夏秋どりイチゴ栽培技術を開発する．また，これらの新品種・新技術を利用した夏秋どりイチゴのマーケティング戦略

を策定し，夏秋どりイチゴ生産システムを確立する．

5.2.4 地域特性に応じた環境保全型農業生産システムの確立

① カバークロップなどを活用した省資材・環境保全型栽培管理技術の開発（カバークロップ研究チーム）

省資材・環境保全型栽培管理技術の高度化のために，カバークロップによる抑草効果の向上方策，根形態解析による作物とカバークロップの相互作用，土壌養分の動態と有効活用法などを解明する．これらに基づき，カバークロップを活用した大豆栽培における雑草制御技術など，寒冷地畑輪作体系に適したリビングマルチなどによる雑草抑制技術や生産安定化技術を開発し，カバークロップの多機能性を活用した環境負荷低減型栽培管理技術を開発する．

② 斑点米カメムシ類の高度発生予察技術と個体群制御技術の開発（斑点米カメムシ研究東北サブチーム）

斑点米カメムシ類の高度発生予察技術と個体群制御技術の高度化のために，斑点米カメムシ類の発生動態とその変動要因，移動実態及び地域個体群の遺伝的変異を解明し，効率的発生予察・防除技術を開発する．

③ フェロモン利用などを基幹とした農薬を50％削減するリンゴ栽培技術の開発（省農薬リンゴ研究チーム）

化学農薬を50％削減するリンゴ栽培を実現するため，主要害虫に対する新規複合交信かく乱剤の効果的な利用技術を開発するとともに，交信かく乱対象外害虫についても補完防除削減に向けて，その害虫の生態を解明し，被害評価技術を開発する．また，褐斑病菌の個体識別技術の確立により重点防除時期を解明，除草機械やマルチ資材による地表面管理技術を確立する．さらに，農薬を50％削減するリンゴ栽培技術を営農試験地における実証により確立し，栽培マニュアルの策定及び農薬削減リンゴのマーケティング評価に基づく経営評価を行う．

5.2.5 環境変動に対応した農業生産技術の開発

① 気候温暖化など環境変動に対応した農業生産管理技術の開発（寒冷地温暖化研究チーム）

気候温暖化に伴う環境変動に対応した主要農作物の安定生産を目指し，農業生産に及ぼす温暖化の影響を評価するとともに，温暖化の関与が推定される現象の発生メカニズムを解明し，温暖化対策技術を開発する．玄米の品質に及ぼす温暖化の影響の解明や暖地性害虫類の北上予測などを行うとともに，温度や CO_2 濃度の上昇に対応した水稲，小麦，大豆などの気象生態反応の解明とモデル化を行い，環境変動適応型の栽培技術シナリオを提示する．

② やませなど気象変動による主要作物の生育予測・気象被害軽減技術の高度化と冷涼気候利用技術の開発（やませ気象変動研究チーム）

やませなど気象変動下での農作物の安定生産を目指し，農作物への被害をもたらす気象の周期性を解明し，潜在的被害発生地域を特定するとともに，水稲の低温・高温障害に及ぼす生育履歴の影響を解明し，障害軽減技術を開発する．また，水稲など主要作物の生育予測・気象災害・イネいもち病の早期警戒システムとその情報伝達法を高度化して総合的な生産管理支援システムを開発する．

5.2.6 先端的知見を活用した農業生物の開発及びその利用技術の開発

① 大豆の湿害耐性など重要形質の改良のための生理の解明（大豆生理研究東北サブチーム）

北日本の大豆生産に深刻な被害を与えている大豆のウイルス病（ダイズわい化病，ダイズモザイク病）について，病徴発現に至る過程やアブラムシによる媒介機構などを解明するとともに，宿主植物の感染防御機構などを利用したウイルス病害制御技術の開発を目指す．

② 高品質畜産物生産のためのクローン牛などの安定生産技術の開発（高度繁殖技術研究東北サブチーム）

高品質の畜産物を低コストで生産するためには，高能力牛を効率よく増殖させることが重要である．クローン牛や高能力牛の作出技術を高度化するため，卵子を体外培養で作る技術，未熟卵子の体外成熟技術，体外操作胚の凍結保存技術の高度化を行う．また，受胎率向上技術の開発を行う．

5.2.7　高品質な農産物・食品と品質評価技術の開発

① 直播適性に優れ，実需者ニーズに対応した低コスト業務用水稲品種の育成（低コスト稲育種研究東北サブチーム）

苗立ち性や耐倒伏性に優れるなど直播適性が高く，病害複合抵抗性を兼ね備えるなど低コスト栽培が可能な安定多収品種を育成する．

② めん用小麦品種の育成と品質安定化技術の開発（めん用小麦研究東北サブチーム）

小麦の色相に及ぼす要因を解明し，色相の優れた母本を選定すると同時に，高品質めん用小麦品種育成のためのDNAマーカー選抜技術を開発する．これらの技術を応用して耐穂発芽性を有し，製粉性，めん色の優れた小麦品種を開発する．

③ 実需者ニーズに対応したパン・中華めん用等小麦品種の育成と加工・利用技術の開発（パン用小麦研究東北サブチーム）

東北・北陸地域で需要に応じた高品質な麦を安定的に生産するため，寒冷地の気候に適し，「ハルユタカ」並の製パン適性と中華めん適性を有する硬質小麦，新たな需要が期待されるもち性小麦及び食用や醸造に適した大麦の品種改良を行う．このため，寒冷地の重要病害である赤さび病に強い系統の開発や中華めん色の優れた系統の選抜技術を開発する．また，発芽小麦プロテアーゼによる小麦アレルゲンタンパク質の分解を解析し，小麦の新しい用途開発を行う．

④ 寒地・寒冷地特産作物の優良品種の育成及び利用技術の開発（寒冷地特産作物研究チーム）

ソバは寒冷地向け早生・多収・耐倒伏性品種を，ナタネは高オレイン酸あるいは無エルカ酸・低グルコシノレートのダブルロー品種を，ハトムギは省力栽培可能な極早生・極短稈品種を育成する．

5.2.8 生産・加工・流通過程における汚染防止技術と危害要因低減技術の開発

① 水田・転換畑土壌及び作物体中のカドミウムの存在形態など動態解明と低吸収系統の開発（カドミウム研究チーム）

寒冷地の水田及び転換畑土壌におけるカドミウム管理法の高度化を目指し，耕種的な土壌管理が土壌中カドミウムの形態や動態に及ぼす影響と作物体中カドミウムの存在形態を解明するとともに，大豆などの作物体可食部のカドミウム濃度を予測する土壌診断法を開発する．また，カドミウム濃度が東北地域の既存品種よりも明らかに低い水稲・大豆系統を開発するとともに，小麦については既存の材料の中からカドミウム濃度が低い品種・系統を選定する．

5.2.9 バイオマスの地域循環システムの構築

① 寒冷地における未利用作物残さのカスケード利用技術の開発（寒冷地バイオマス研究チーム）

地域バイオマス資源の有効活用を目指し，米ぬか，もみ殻，稲わらを始めとする大規模水田地帯の未利用資源のカスケード利用技術を開発する．また，地域内農耕用エネルギー供給システムの確立に向けて，ナタネ栽培における低コスト播種・収穫・乾燥調製技術を開発する．さらに，バイオマス資源利用に伴う物質・エネルギー収支及び経済性並びに環境影響に関する評価を行い，バイオマス資源の地域循環システムの成立条件を解明するとともに，最適な地域循環モデルを開発する．

（児嶋　清）

6. 農畜産物における知的財産権の保護と活用

6.1 知的財産権とは

　知的財産権というと特許権がすぐ頭に浮かぶが，この知的財産という分類には特許・実用新案・商標・意匠・著作・種苗（品種）など数多くの権利（法律）が存在する．この中で「農畜産物」関連となると，農林水産省が管轄する「種苗法」，経済産業省が管轄する「特許法」及び地域ブランドに関連する「商標法」となる．

　これら知的財産関連法律は全て絶対的な排他的独占権（各々権利保護期間の制約はあるが）を認めている．独占禁止法の第21条（知的財産権の行使）でも，明確にこのことは書かれている．つまり権利者は，独占的に実施できると共に，他者の進出（権利侵害）を排除できる大変強い権利を有する．

　さて，知的財産権の境界領域に関連する「不正競争防止法」において有名な「スナックシャネル」事件（最高裁判例：平成10年9月10日）を例に取ると，東京近郊M市の小さなスナックの経営者が世界的に有名なブランド名である「シャネル」と店の名前を付けたことが，「広義の混同」にあたるとされ，スナックシャネルの経営者が敗訴した．

　また「無洗米」に関する特許発明に関して，和歌山県T社が広島県S社などと最高裁判所まで係争した事例など，知的財産権に関連した係争が最近増えてきている．（これに対応するため，知的財産高等裁判所が東京に新設され，大幅に裁判期間が短縮されている．）

　まだ日本では知的財産権ほかの権利保護に対して甘い感覚を持ってい

るが,「ものまね(贋物)」に対して日本人以上に感受性の鈍いアジア諸国からの攻撃に対して防御するためにも,農畜産物の知的財産権確保に熱心になるべきだと常々思っている.

農畜産物に関連した2000年以降の憂うべき事例(種苗に関する権利侵害)を表6.1に示した.これ以外にも日本の誇るべき「黒毛和牛」の精液が無断で海外に流出している例など頭の痛くなる事態が発生している.キーワード「和牛」で国内特許出願の情報検索をしてみると,オースト

表 6.1 2000年以降の育成者権侵害の事例

年	状 況
2000	●韓国にイチゴ「とちおとめ」の種苗が無断で持ち出され,その収穫物が日本に輸入販売.
2001	●韓国の一部の者に許諾したイチゴ「レッドパール」が,韓国内で種苗が無断で持ち出され,その収穫物が日本に輸入販売. 育成者権者⇒輸入業者を提訴,後で和解. ●中国にインゲンマメ「雪手亡」の種苗が無断で持ち出され,その収穫物が日本に輸入販売.
2003	●中国にイグサ「ひのみどり」の種苗が無断で持ち出され,栽培されていたため,熊本県が関税定率法に基づき輸入差止めを申請.
2004	●中国にアズキ「きたのおとめ」「しゅまり」の種苗が無断で持ち出され,その収穫物が日本に輸入販売. 北海道⇒輸入業者に警告.
2005	●長崎税関にて,育成者権侵害の疑いのある中国産「ひのみどり」を発見,摘発.(初の事例) (2006年2月,業者に対して罰金100万円,同社長に対し懲役1年6か月,執行猶予4年,製品8.8 t 没収の判決) ●オーストラリアに桜桃「紅秀峰」の種苗が違法に持ち出されたとして,山形県⇒豪州業者を刑事告訴,後で和解.
2006	●中国でカーネーション「ライトピンクバーバラなど4品種」の種苗が無断増殖され,その収穫物が日本に輸入販売. 育成権者⇒輸入業者に警告. ●中国で輪菊「岩の白扇」の種苗が無断増殖され,その収穫物が日本で輸入販売. 育成権者⇒輸入業者に警告.

ラリアからの出願発明に記載されていたなど心配なケースも増加している．

　努力（創意工夫）した農畜産物成果（日本の財産）は，知的財産権として保護することが必要である．この市場価値は，著者の粗い試算では1,000億円（有効知的財産権1,000件×1億円／件）と推定している．

6.2　日本国の取組み状況

　2002年2月の小泉純一郎前総理大臣第1回施政方針演説（知的財産立国を目指す部分）に従って，同月に知的財産戦略会議が発足し，同年7月「知的財産戦略大綱」を決定し，同年11月「知的財産基本法」を公布，翌2003年3月に「知的財産戦略本部」が発足して，現在に至っている．

　農林水産省では，上記日本国の方針を踏まえ，2003年6月に農林水産大臣認定TLO（技術移転機関）を認定・設置し，著者（特許流通アドバイザー：技術移転の公的専門家）が特許庁所管の（独）工業所有権情報・研修館より常駐派遣され，農林水産の技術移転に関して企業とのライセンス交渉最前線を担当している．

　さらに2006年2月には，農林水産分野では世界初となる「農林水産省知的財産戦略本部」を設置した．また同年3月に中川昭一元農林水産大臣が公表した「中川イニシアティブ—Do! Our BEST—新たな農林水産政策の展開方向」の中で，別紙5（技術と知財の力で新産業分野を開拓）に書かれた「知的財産権の創造・保護・活用のための施策」方針が出されている．このポイントは，「新品種育成者権，特許などの取得・活用（技術移転の促進）」「地域ブランドの確立・普及」「商品・知的財産権の輸出促進」「知的財産に関する人材育成，普及啓発」の4点である．

6.3 農畜産物に関する特許について

　農畜産物に関する「特許」と言うと，必ずと言ってよいほど返ってくるのが，「農業（林業，水産業）には不向きだよ．特許に関しては工業分野とは大幅に違うよ」との言葉である．

　「でも本当でしょうか．それで大丈夫でしょうか」というのが著者の正直な気持ちである．

　表6.2に国内出願された特許請求項（出願人が権利保護を主張したい部分）に含まれるキーワード（品種登録分類など）検索結果を示した．言葉（キーワード）の定義もあるが，一般的な想像以上に農畜産物に関連しても特許出願されていると感じられるのではないだろうか．

　特許法第二条によれば，「発明とは，自然法則を利用した技術的思想の創作のうち高度なものをいう」と定義されている．農業従事者も日頃から創意工夫を続けている．この努力されている人達の努力（創意工夫）の褒美として，都道府県・国の公的研究機関，大学などが技術と共に知的財産権獲得の支援も行い，より良い高度な技術を開発した農業従事者に対して，後述する「ライセンス対価」として収入が増える仕組みを公的機関が創出することが急務ではないかと常々思っている．

　特許として認められる技術レベルは全て高度な技術だろうか．逆に広く有効利用される技術は，わずかな創意工夫から生み出された技術ではないのか．具体的な例として現農林水産省所管の研究機関が開発した技術・特許で一番多く（零細米屋から大企業まで約30社）ライセンスしている「発芽玄米」の基本特許の概要を紹介すると，「胚芽を有する穀類を弱酸性の温水中で発芽させて，GABA（γ-アミノ酪酸）を富化させた食品素材」である．近年GABAには「血圧降下作用，ストレス解消作用」が広く認められて，健康食品ブームの先頭を歩んでいる．この特許によるライセンス収入（一時金＋継続実施料）は，年間5,000万円以上である．

6.3 農畜産物に関する特許について

表6.2 特許請求項(国内出願)に含まれるキーワード検索結果
(検索手段:NFIサイバーパテント使用)

大分類	件数	中分類	件 数		件 数	小分類	件 数
農作物	928	穀 類	2,129	米	14,395	水 稲	344
						陸 稲	3
				麦	8,746	小 麦	5,619
						大 麦	888
						はとむぎ	24
						え ん 麦	19
		豆	13,156			大 豆	7,330
						あ ず き	26
						らっかせい	1
		芋	906			甘 藷	213
						馬 鈴 薯	590
						ヤ ー コ ン	186
		茶	7,574				
		野 菜	6,688			ト マ ト	4,858
						ピーマン	152
						きゅうり	41
						はくさい	0
		柑 橘	862				
		りんご	371				
		花	14,865				
		キノコ	1,490				
農業機械	239						
酪 農	130	食 肉	1,174			牛 肉	301
						豚 肉	213
						鶏 肉	293
		乳製品	1,042			牛 乳	1,297
						チ ー ズ	2,270
						バ タ ー	1,793
		飼 料	5,028				

　再度となるが,公的機関が頑張っている農家を支援して知的財産権を取得し,その技術・権利をライセンスして,収入を増やす仕組みが必要だと痛切に感じている.

6.4 地域ブランドについて

従来より「夕張メロン」「関さば」「関あじ」など有名な地域ブランドが存在している．これらの中で一部は知的財産として保護されていたものもあったが，大多数は権利が保護されていなかった．

2003年7月に中国の某企業（公司）が，日本の特許庁に対して「青森」という商標出願をした．これら今後戦略的な（ある面ズルイ）商標が登録されると，登録された「青森」などという表示ができなくなるか，多額の実施許諾料の支払いが増えることが予測された．

日本国として予測される不合理な事態回避のために，商標法の一部を改正し，「地域団体商標」を付け加え，事業協同組合などの特定団体（農業協同組合など）が既に慣用している「地域名＋商品（役務）名」など

表6.3 地域団体商標として登録された地域ブランド名

（平成18年12月12日現在）

都道府県	出願人	登録商標
北海道	帯広市川西農業共同組合 とうや湖農業共同組合	十勝川西長いも 豊浦いちご
青森県	田子町農業共同組合	たっこにんにく
山形県	庄内みどり農業共同組合 庄内みどり農業共同組合	平田赤ねぎ 刈屋梨
東京都	東京南農業共同組合	稲城の梨
石川県	能登わかば農業共同組合	中島菜
長野県	みなみ信州農業共同組合 下伊那園芸農業共同組合	市田柿
岐阜県	飛騨酪農農業共同組合	飛騨牛乳
和歌山県	和歌山県農業共同組合連合会 ながみね農業共同組合 ありだ農業共同組合 みなべいなみ農業共同組合	紀州うすい しもつみかん 有田みかん 紀州みなべの南高梅
広島県	広島県果実農業共同組合連合会 広島県果実農業共同組合連合会	広島みかん 広島はっさく
徳島県	徳島市農業共同組合	渭東ねぎ
鹿児島県	南さつま農業共同組合	かごしま知覧茶

を「地域団体商標」として登録できる制度をつくった．

この「地域団体商標」は平成18年4月より出願受理可能となった．表6.3に農業分野で「地域団体商標」として平成18年12月12日現在登録された17件を示した．なお，漁業分野であるが前述した大分県の「関さば」「関あじ」も登録された．

これから種々の地域ブランドを知的財産権として保護するために，地域団体商標の登録数が増えることを願っている．これには種苗法として登録される「新品種名」は一般名称となり，残念なことに保護される面が薄い（一般名称は，商標登録できない）という背景がある．

6.5 知的財産権の流通（ライセンス）について

日本における流通事情を考えてみると，大企業で開発された技術は自社内で商品化されない時は，「塩漬け」と称して自社内に死蔵し外部に出て来ない例が多い．

日本の真面目な中堅企業にライセンスすれば，立派で安価な商品ができる可能性が高いのにである．また大学を含む公的研究機関は開発した技術のPRが一般に下手である．せっかく高額な開発費用を投じて開発した技術が眠ったままでは，日本の国力向上に役立てることができない．

これらを効率的に運用しようと考え，特許流通支援制度がつくられた．この営業マンで公的専門家と称される「特許流通アドバイザー」には，大きく2つ「無料」と「秘密保持」の義務が課されている．これにより公平な立場で流通（ライセンス）の仲介ができている．

仲介人として，ライセンサー（特許権者など技術供与側）とライセンシー（企業など技術受諾側）の間に入り，円満に契約締結をするのが主な仕事であるが，やはり一番気と時間を使うのは「対価」に関してである．

一般的に技術・特許の総合的な価値判断である「対価」は，一時金（頭金）と継続実施料（RR，ランニングロイヤリティ）の合計として構成され

る．なお，契約先行者利益保護（先に許諾契約した企業は，後で契約する企業より安い「対価」とする）を行うのは，契約先行者のリスク（工夫・努力など）を考慮すれば当然のことである．

個々に一時金と継続実施料を解説すると，

一時金（頭金）：特許庁に支払う費用（出願料，審査請求料，維持年金など）に弁理士費用を加えた総額を想定するのが通例である．実施許諾（ライセンス）するということは，特許権者及びライセンサーが契約期間満了まで特許権の維持を保証するものであり，それらを総合勘案して一時金を提案するのがライセンス交渉のスタートである．これでも発明者への対価（報奨金），事務経費などを考慮すれば，出願人（権利者）として満たされる（損失が出ない）のは，複数の実施許諾が成立してからとなる．したがって1件の実施許諾でも採算ベースとなりえる500万円程度が通例となるべきと考えているが，日本は欧米に比較して大幅に低いレベルというのが残念ながら実情である．

昭和26年，米国デュポン社よりナイロン技術・特許の移転を受ける際に，東洋レイヨン社が支払ったとされる資本金の1.44倍の一時金（現時点で試算すると，約1,500億円相当）が，理想的な高度技術・特許料であるし，そのような交渉を成立させるのが仲介人としての夢である．

継続実施料（ランニングロイヤリティ）：日本の実情は，諸外国（特に欧米）に比較して低率であり，一般的に商品販売金額の2.0～7.0％，そして限りなく3.0％に集中しているのが現状である．

果たしてこのような低率でよいのかと思わざるを得ない．この根拠は，一流と言われる企業の「研究開発費／総売上金額」比率は6％以上であるし，また平成16年末に経済産業省が実施した「中小企業の知的財産への取組みアンケート」においても，調査対象中17.1％の企業が研究開発費率5％以上と回答している．さらに現時点の日本国内の消費税率は商品販売単価の5.0％である．

これらから考え価値ある技術・特許のライセンスには，売上金額の

5.0％以上の継続実施料（ランニングロイヤリティ）が適切であると考えている．

ライセンス仲介が成功するには，「和」の心でライセンシー・特許権者に接することが肝要であるが，具体的には安全（対象企業の既進出分野に実力ある技術・特許を提案），信頼（企業のキーマンに誠意を持った営業技術で接触）と共に，仲介人として技術内容を出来る限り理解しようと努めるものの限界があることは明白である．特許・技術移転前のみならず，移転後も商品化に至るまで出願人・発明者からの支援が不可欠である．特許権者側との意思疎通も重要である．

仲介人として大事な資質とは，礼儀を重んじ，信頼を得られる誠実さと共に，機転・ユーモアの精神を持ち，フットワークの良いことであると思っている．要するに「周囲に好かれる人」だと信じている．

6.6　農畜産物での地域振興について

著者は農林水分野技術が分からない状態（元来プラスチック加工屋なので）から特許ライセンス仲介人業に飛び込んで3年余りとなった．

この間，地域振興（村興し，町興し）に関する相談を数多く受けるようになった．結論から言えば「知的財産権」で保護された特産品（地域ブランド）を持てば，日本農業の未来は大変明るいものとなろう

図 6.1 に，著者の考え方を示した．「良心的な働き手（農林水産）に利益を」が「地域振興」へ，そして「国民の生活向上」に発展的に結び付くと確信している．その間に公的研究機関からの支援（高品質，生産性向上，トレーサビリティなどの技術）に合わせて，知的財産権確保策の援助も必要である．

一例を示すと，日本固有の「温州みかん」にしか含まれない β-クリプトキサンチン（オレンジ色の色素成分）の特異的な健康効果効能が大学（医学部，薬学部など）などで確認されつつある．ここでは特記すべき貴重

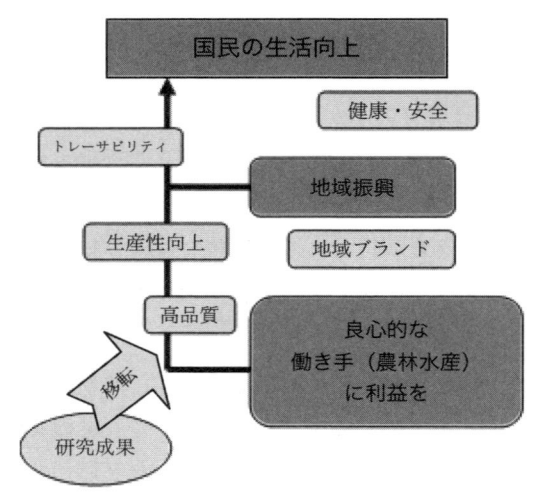

図 6.1 地域振興に向けての手段

なデータが得られており，数年後には地域特産品として復活し，ミカン農家の復興があり得ると思っている．

（田所義雄）

7. 地域ブランドの育成と農畜産物の需要拡大

7.1 売れる商品を目指して―県産品のブランド化への取組み―

7.1.1 はじめに

　青森県は，縄文の昔から，農林水産業の分野において，良い土，きれいな水資源，素晴らしい自然環境に恵まれ，その上に優れた農林水産業の技術を積み重ねてきた歴史を有している．県では，こうした本県の風土や恵まれた環境の中で，県民性として受け継がれてきた「誠実さ」，「まじめさ」を最大限に生かしつつ，「安全」な食べ物づくりや先人たちが努力を惜しまず伝えてきた確かなものづくりに，これからも頑固なまでに取り組み，消費者に将来にわたって「青森の県産品なら安心」であると信頼され，数ある産地，様々な商品の中から，青森県産だから選び，食べ，使い続けていただける県産品を届

図 7.1　キャッチフレーズ

図 7.2　シンボルマーク

図 7.3　イメージキャラクター「決め手くん」

けていくことが重要なことだと考えている．

　この想いが，まさに「青森の正直」であり，「決め手は，青森県産．」のもと，他産地に負けない優良品を強力に提案する知事トップセールスなどにより，生産者が一生懸命につくり育てたものを，機会あるごとに自信をもってPRし，今後とも，本県の優れた県産品の販売に強力に取り組んでいくこととしている．

　現在，青森県では，生産から流通・販売までを結びつけ，収益性のアップを図ることを目的とした「攻めの農林水産業」を県政の重要施策として位置づけ，強力に推進しているところであり，これを具体化するため，平成17年3月，「青森県総合販売戦略」を策定した．中でも，消費者に信頼され，販売面での優位性が発揮でき，販路拡大にもつながるブランド化は重要であると考えており，この「青森県総合販売戦略」の大きな柱と位置づけている．

　本節では，売れる商品に向けた県産品のブランド化への取組みなどについて紹介する．

7.1.2　青森県とブランドイメージ
(1)　青森県産品を取り巻く環境

　青森県は，三方を海に囲まれているほか，中央の奥羽山脈を挟んで，東側（太平洋側）は江戸時代に南部氏が治めていた南部地方と，西側（日本海側）は津軽氏が治めていた津軽地方の2つに大きく分けられる．

　また，青森県は食料自給率（カロリーベース）が117％（平成16年度）で全国第4位と高く，さらに南部地方では畑作や畜産が，津軽地方では稲作と果実（リンゴ）が盛んで，米，野菜，果実，畜産物，水産物のバランスがとれた食料供給県であり，本県農林水産業は，蓄積された優れた技術，広大な農地・山・海，夏季冷涼な気象などが活用できる優位産業である．

　近年，複雑化する地域間競争の激化や人口減少による消費需要の減少，

低価格な輸入品の増大に加え，消費者ニーズの多様化・高度化や，「量」から「質」・「産地」への変化，地域ブランド保護のための地域団体商標制度の創設など，県産品を取り巻く環境が大きく変化している中で，市場における競争力と付加価値を高めた全国に誇れるブランドづくりへの期待が高まっている．

一方，大手乳飲料メーカーや大手菓子メーカーの衛生管理体制などの不備から，消費者の信頼を揺るがす事態となり，長年培ってきたブランドイメージを一瞬にして失墜してしまうほどの深刻な事態となった事例が近年発生している．これら事例は，ブランド化を考える上での消費者視点の重要性を私たちに再認識させたものであり，これを他山の石として，生産現場においても，一層消費者を意識したものづくりに努めていく必要がある．

(2) ブランドとは

そもそもブランドとは，消費者に優れた商品として認識され，評価されることであり，認識されるように変わることがブランド化である．

1) 由　来
   - ブランド (Brand) ≒ 焼き印を押す (Burned)
2) 定　義
   - 消費者から「信頼」を得るための「責任の証」
   - 自社商品を識別し，他社との差別化をすること
   - シンボル，マーク，ロゴ，デザイン，色彩などを組み合わせた標章
3) 期待される機能・価値
   - 価格の優位性　・高いロイヤリティ　・市場の拡張力
4) 期待される効果
   - 生産する喜び　・地域のイメージアップ　・地域の活性化　・交流人口の増加

しかし，ブランドという言葉を，その期待される機能や効果から，生産・製造したもの，あるいはマークや商品名などの商標のことと考えている人も少なくない．ブランドは，作り手が勝手に決めるものではなく，あくまでも，買い手が決めるものである．いつの時点で，ブランドとなったかは，時間を要して初めて分かるものであり，ある日突然，ある産品がブランドとなることは，まずないといってよい．

ブランドとは，「消費者」に優れた商品として認識・評価されることであることを，私たちは常に意識してブランド化に取り組んでいく必要があるのは言うまでもない．

7.1.3 青森県産品のブランド化
(1) 県の計画における位置づけ
1) 青森県重点推進プロジェクト（生活創造推進プラン）（平成16〜20年）

青森県がめざす将来像である「生活創造社会」の実現に向けて「人財」，「産業・雇用」，「健康」，「環境」，「安全・安心」の5つの戦略分野において，平成20年までに県が重点的に推進する10本のプロジェクトを現したものである．

2) 「攻めの農林水産業」推進基本方針（平成16〜20年）

生産から流通・販売までを結びつけ，収益性のアップを図ることを基本に，消費者が求め，必要とする安全・安心で良質な県産農林水産物やその加工品を生産し，売り込んでいくという販売を重視する振興策である．

3) 青森県総合販売戦略（平成16〜20年）

単に「つくったもの」を売ろうとするのではなく，売れる商品づくりに基づく県産品販売に関する基本的な考え方や姿勢，目指すべき方向などを明らかにし，全ての関係者が意識を共有できるようにしたものである．

【基本理念】

青森県は約束します

　◇私たちは，豊かな四季と風土が育んだ「美味しさ」をお届けします

　◇私たちは，頑固なものづくりを守り「安心」と「安全」をお届けします

　◇私たちは，山海の恵みを物語る匠として「誇りある仕事」をお届けします

(2) 県産品を取り巻く現状と課題

1) 県産品を取り巻く現状

① 平成17年度の農業産出額は2,797億円で，平成2年度（3,270億円）に比べ14％減少するなど県産品生産額は減少傾向にある．

② 県産品で認知され，買ったことのあるものは「リンゴ」「リンゴ加工品」が圧倒的に多く，そのほかのものはあまり知られていない．

③ 一部にこだわりの農産物を小売店などと直接取引を進める生産者や農協も現れるなど，販路開拓の新たな動きが見られる．

図7.4 青森県産リンゴ

④ 本県の農産物などは素材としての供給が中心で，加工などによる付加価値を高めた加工品が少ない．

⑤ 大消費地から遠く，高い物流コストと長い輸送時間など，高コストな流通がネックになっている．

2) 県産品販売の課題

① 全　体

- 県産品全体のイメージを高めることが重要
- 多くの他地域の商品との競争の中から，お客様に選ばれ，満足してもらえる商品を提供していくことが重要

② 生産・開発
- 生産者は，自らが生産から販売までを考え，採算の合う経営を行うという意識を持つことが必要
- 出荷基準・衛生管理基準に対して統一した取組みを行うことが必要
- 商品の発掘・育成機能を整備していく必要がある商品開発は，自己完結でなく，デザイナーや流通関係者などと共同で行い商品力を高めていくことが重要
- 食の安全・安心志向や利便性志向などの「食」を取り巻く環境変化を踏まえた加工品の開発や販売に対する取組みを行うことが重要

③ 流 通
- お客様のニーズやライフスタイルと，流通構造の変化などを踏まえた商品供給体制を整備することが必要
- 農水産物や加工品などを一括供給するために，地元でのコーディネート機能が必要
- 大消費地から遠いため，物流コストの削減や流通時間の短縮が重要

4) 情報発信
- 商品の安全・安心に関する科学データや商品の機能性などの商品価値，利用方法などに関する情報提供を確実に行うことが必要
- 市場動向，商品に対するお客様の評価などを的確に生産・開発現場にフィードバックする機能の整備が必要

5) 地産地消
- 地域で生産された県産品（伝統食を含む）を見直し，地域で利用する

「地産地消」を積極的に進め，県産品への理解と消費拡大が必要
・観光客に対する県産品のアピールや観光関連産業との連携が重要

(3) 県のブランド化に関するこれまでの経緯

　県のブランド化関連施策については，これまで個々の担当課（農林水産部では，りんご課，畜産課など）において，生産・販売量の全国シェアに占める割合（ブランド）を重要視した生産型重視の施策が取られてきた．

　平成13年3月，農林水産業を基幹とする産業振興に関する施策を総合的かつ計画的に推進し，もって本県の経済の発展及び県民の豊かで健康的な生活の向上を図ることを目的とする「農林水産業を基幹とする産業の振興に関する条例」が制定され，ブランド関連事業として，旧商工観光労働部（商工政策課物産貿易振興室）において，農林水産物を活用した新商品開発を目的とする「県産品ブランド推進事業」及び消費者の共感が得られる県産品づくりを目的とする「県産品マーケティング基本方針策定事業」が実施された．この事業の最終目標は，本県産品全体のイメージ向上と，県内生産者の取組み意欲の喚起・啓蒙を通じた県産品全体の商品力の底上げとして，あくまで青森県産品をブランド品として「売れる」ことが目標であり，ブランド品を選ぶことを最終目標とはしていなかったものである．

　一方，農林水産部においても，部内プロジェクトチームXが「青森県農林水産業の競争力のワンランクアップ」を検討し，消費者ニーズを捉えた売れる商品づくりによるブランドの確立を提案した．

(4) 県産品のブランド化に向けた推進体制づくり

　「攻めの農林水産業」の販売部門を効率的に進めるため，平成16年4月，庁内の商工労働部，文化観光部，農林水産部の3部にまたがっていた県産品の販売業務を統合し，農林水産部内に「総合販売戦略課」を新設した．

総合販売戦略課には，戦略推進，ブランド推進，地産地消，販売促進，消費宣伝の5グループが設けられ，県産品の販売促進に係る企画，調整及び推進に努めたほか，県産品販売の基本方針の策定作業に着手し，売れる商品づくりに基づく県産品販売に関する基本的な考え方や姿勢，目指すべき方向などを明らかにし，全ての関係者が意識を共有して行動できるよう，平成17年3月，「青森県総合販売戦略」を策定した．

(5) 県産品のブランド化の考え方

県では，県産品のブランド化を進めるに当たり，ブランド化計画などブランドに特化した戦略を策定するのではなく，前述の「青森県総合販売戦略」の下で，ブランド化の推進を図ることとした．

また，平成18年4月から，国において地域団体商標制度（地域ブランド）が始まったことなどから，県としては，ブランド認証は行わず，県内各地域の特徴を活かして生産されるこだわり特産品のブランド化を図り，本県ならではの「地域ブランド」特産品として消費者に認識されるようになることを目指し，「地域ブランド」を重視した取組みを行うこととした．本県の場合，この地域ブランドの単位を「県域」から「県より小さな地域」とすることで，県民により身近な存在とすることが可能となり，地域の関係者がこだわりをもって生産する特産品などのブランド化に取り組みやすくなり，さらには，地域内の他産品や観光などのサービス，また地域自体へも影響を与え地域が活性化していくというボトムアップ効果が期待されることから，

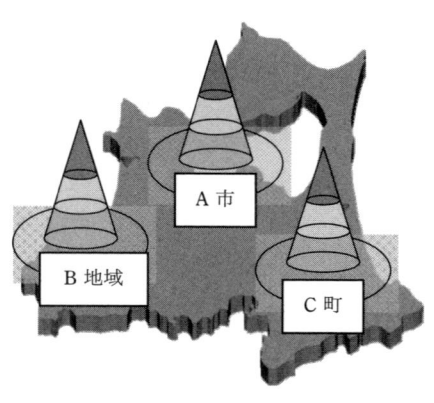

図7.5 青森ブランド＝「地域ブランド」特産品の集合体

県では，これらブランド化への取組みを支援することとし，消費者に認識・評価された「地域ブランド」特産品の集合体を「青森ブランド」と捉えることとした．

(6) ブランド化の取組み

1) 地域特産品ブランド化促進事業

生産者団体などがこだわりをもって生産する特産品のブランド化を目指し，① 差別化が図られる地域特産品の発掘や開発・改良，② 生産量の確保に向けた技術確立や供給体制の整備，③ マーケティングやデザインの専門家による商品の評価や情報発信，④ 販路拡大に向けた販売体制づくりなどの活動を支援し，地域ブランド特産品として育成していくものである．

2) 具体的な取組み事例「青森シャモロック」

① 知名度の向上と取扱店の拡大

平成16年度から，食味が良く，品質の評価が高い特産地鶏「青森シャモロック」のブランド化を進めており，販路拡大に取り組んでいる．

具体的には，大手量販店などでの試食販売支援やテレビ，新聞などの広報媒体を活用したPR，試食用サンプルの提供など宣伝活動を展開したことにより，県内消費者の知名度が向上し，生肉販売店や料理提供店が徐々に拡大している．

表7.1 【参考】地域特産品ブランド化促進事業実施一覧（平成18年度）

市町村名等	特産品名	市町村名等	特産品名	市町村名等	特産品名
青森市A団体	あおもりカシス	三戸町G組合	健康飲料「ジョミ」	六戸町M団体	シャモ菜ごはんの素
青森市B団体	おぼこい林檎	五戸町H団体	アピオス	鶴田町N組合	スチューベン
青森市C社	野菜入り刺身こんにゃく	五戸町I組合	コルトさくらんぼ	鶴田町O社	ナイアガラジュース
外ヶ浜町D組合	朝採り鮮魚	東北町J団体	ながいも入りうどん	つがる市P団体	牛蒡めん美人
大鰐町E団体	青森シャモロック	東北町K団体	ながいも入りけいらん	つがる市Q団体	トマトケチャップ
八戸市F組合	ブルーベリー	東北町L組合	みよこ米（まっしぐら）	むつ市R公社	イノシシ・イノブタ肉

また，大手量販店の首都圏店舗では有名ブランド地鶏を青森シャモロックに切り替え，定番商品となったほか，県外の高級ホテルなどでの活用例も出てきている．

② 生産者によるこだわりの取組み

県内の主な青森シャモロックの生産組合が，シャモロックの生産や販売促進及び飼養技術の向上を目的として，平成16年10月に「青森シャモロック生産者協会」を組織し，ポスター，のぼりなどの販売促進資材の提供を通じて，シャモロックの知名度向上と販売促進活動などを行ってきている．このような中で，商品の品質管理の徹底と生産量の拡大及び流通の基盤である専用の食鳥処理施設の整備が課題であった．

図7.6 青森シャモロックのポスター

このため，商品の品質管理については，県をはじめ，県内の生産者や流通関係者などで構成する「青森シャモロックブランド化推進協議会」で，出荷日齢を雄は約100日，雌は約120日とすること，日齢に応じた飼料給与体系とすることなどを定めた飼育管理マニュアルを作成し，生産者はこのマニュアルに即した生産を行い，品質の維持を図ることとした．

③ 生産と販売の拡大に向けて

生産量の拡大については，これまで畜産試験場が一元的にヒナを供給していたが，供給量に限界があるため，需要に応じた生産が困難な面があった．このため，平成17年2月，畜産試験場が民間に種鶏（親鳥）を供給し，これを受けて同年10月からは民間でヒナの生産がはじまり，

生産体制が整ったことから，平成20年には10万羽体制を目指している．また，専用の食鳥処理施設については，平成17年，大鰐町と五戸町に衛生的な処理施設が完成し，流通体制の基盤が確保された．

県としては，課題であった生産体制や流通体制が整ったことから，今後，生産計画に即した販売展開を基本に，県内販売については，多くの消費者に食してもらう観点から広範囲に売り込んでいくこと，首都圏など県外販売については，高級ブランドとしての価値を高めるため，特に高級ホテル，レストランなどを重点的なセールス先と位置づけている．今後とも，「青森シャモロック生産者協会」などの販売活動を支援し，一層の知名度向上と販路拡大を積極的に進めていくこととした．

7.1.4 お わ り に

本節では，青森県産品のブランド化の目指す方向としては「地域ブランド」を重視した取組みを行うことを紹介した．ブランドは「消費者」に優れた商品として認識・評価されることであり，消費者ニーズが多様化している今日，それは，高級感，希少性だけではなく，値頃感なども大きな要素である．地域の関係者が，あまり価値を見出していないものや，見逃しているもの，今はなくなってしまったが昔生産していたものなど，実は消費者から評価される可能性を秘めたものが沢山あるはずである．

県としては，これら地域こだわり特産品のブランド化への地域の関係者の取組みを支援することで，県産品のブランド化への取組みを県内各地域に波及させ「地域ブランド」として認識・評価されるよう努めているところであり，それら地域ブランドを総称して「青森ブランド」として位置づけている．

県産品のブランド化のためには，まずは自分たちの地域を見直し，産品の発掘・育成に心がけ，地元に軸足をおいた地産地消を進め，県内（消費者）で特産品としての評価をいただき，国内（国外）の消費者へお

届けすることが重要である．そのため，県では，今後とも地域こだわり特産品のブランド化の取組みに対する支援を行うとともに，観光とも連携しながら，県産品PR用キャッチフレーズ「決め手は，青森県産．」，シンボルマーク「青森の正直」，キャラクター「決め手くん」などを前面に打ち出すことで青森県産品としてのイメージ定着を図り，加えて本県の持つ優位性を強調することにより，青森県産品を多くのお客様に印象付け，認知度の向上と総合イメージづくりを推進していくこととしている．

　総合販売戦略の下での県産品のブランド化への取組みは始まったばかりである．ブランドとなるためには時間を要するものであり，県としては，関係諸氏のご意見ご助言もいただきながら，生産・製造・流通・販売の県産品に携わる関係者と連携・協力し，ゆっくりとしかし着実に，県産品のブランド化に向けた取組みを進めていくこととしている．

（問合せ先：青森県農林水産部総合販売戦略課商品づくり・ブランド推進グループ）

参 考 文 献

1) 「青森県重点推進プロジェクト(生活創造推進プラン)」(http://www.pref.aomori.lg.jp/plan/index.htm)
2) 「攻めの農林水産業」(http://www.pref.aomori.lg.jp/dayori/semenosui/semenosui.html)
3) 「青森県総合販売戦略」(http://www.umai-aomori.jp/annai/16_senryaku/senryaku.phtml)
4) 青森県：平成11年1月　農林水産物等を活用した県産加工品の開発・販売の推進に向けた総合的支援体制に関する調査．
5) 青森県ABMプロジェクトチーム：平成14年3月・平成15年3月「AOMORI(青森)」ブランドの戦略的マネジメント手法の確立について．
6) 青森県：平成14年3月　青森県「農と食」連携推進基本計画．
7) 青森県：平成14年3月　青森県産品ブランド推進事業報告書．
8) 青森県：平成14年3月　青森県産品マーケティング基本方針報告書．
9) 青森県：平成16年3月　売りの現場から考える青森ブランド展開戦略報告書．

10) 農林水産部農林水産政策課：平成 16 年 3 月　プロジェクトチーム X 報告書.
11) 青森県：平成 17 年 2 月　青森県の物流戦略に関する調査研究報告書.
12) 青森県農林水産部農産園芸課：平成 17 年 3 月　青森県野菜の産地力強化ガイド「一産地一改革」推進のために.
13) 青森県：平成 17 年 3 月　「攻めの農林水産業」推進基本方針.
14) 青森県総合販売戦略会議・青森県：平成 17 年 3 月　青森県総合販売戦略.

（青森県農林水産部総合販売戦略課）

7.2　岩手県におけるリンドウのブランド化

7.2.1　岩手県の花き生産の現状

　岩手県における花き生産の現状を図 7.7 ～ 7.9 に示した．図 7.7 は平成 17 年農業産出額における部門別構成比（農水省統計部 2006 年 11 月 1 日公表）で，これによると本県の農業産出額 2,541 億円のうち，花きの構

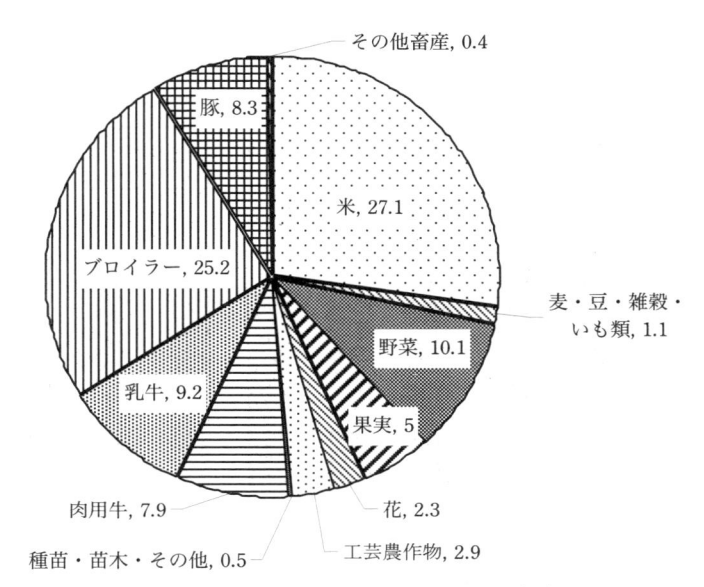

図 7.7　平成 16 年度岩手県における農業産出額割合（％）
資料：農林水産省 2006 年 11 月 1 日公表　平成 17 年農業産出額より作成.

118   7. 地域ブランドの育成と農畜産物の需要拡大

成比は約 2.3 % と低いが，東北では山形の 3.2 %，福島の 3.0 % に次ぐ割合である．

図 7.8 は，平成元年から 17 年までの花き栽培面積と販売額の推移（岩手県農産園芸課の調査資料から作成）を示した．これによると，平成元年以

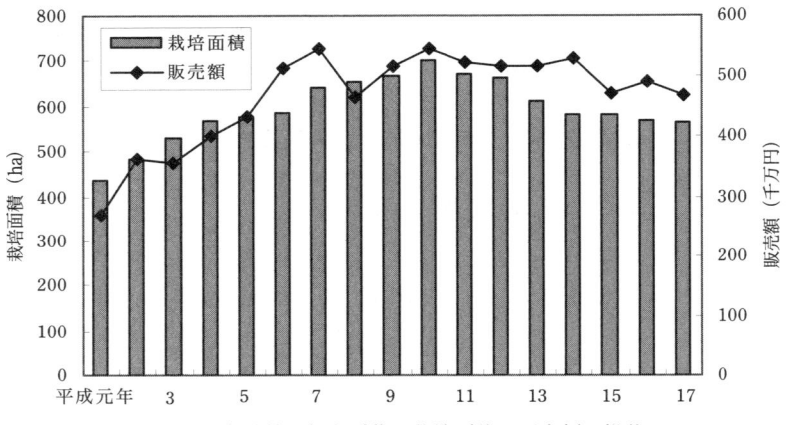

図 7.8 岩手県の年次別花き栽培面積・販売額の推移
資料：岩手県農産園芸課調べ．

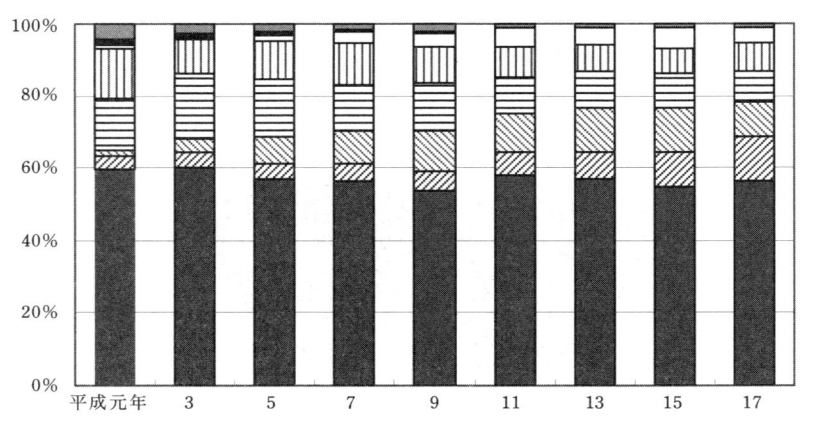

図 7.9 岩手県における花き品目別販売額割合
資料：岩手県農産園芸課調べ．

降10年までは栽培面積・金額共に順調に増加したが，その後は漸減の傾向にあることがわかる．平成8年度に販売額が一時的に大きく低下しているが，これはこの年の4～5月の低温が，主力品目であるリンドウの初期生育の停滞を招き，需要期である旧盆出荷ができなかったためである．

図7.9は本県の花き販売額における品目別の割合について，岩手県農産園芸課の調査資料を用いて作成したものである．本県は，リンドウや小ぎくを柱とした露地栽培中心（リンドウと小ぎくの施設化率は約2.4%）の産地であるが，特に販売額全体に占めるリンドウの割合は調査全期間50%以上で，本県の花き生産がリンドウに特化していることが明白である．

現在，リンドウの栽培は県下全域で取り組まれ，全農いわての調査では平成18年度のリンドウ共販面積は347.5 ha，27億円の販売額（平成18年12月末実績）となっている．また，図7.9からも分かるように近年は小ぎくの栽培面積が増加し，平成17年の調査では栽培面積が85 haで全国3位にランクされている．本県では小ぎくを，リンドウに次ぐ振興品目と位置づけるとともに，農業研究センターでは平成元年から品種開発を進めてきた．その結果，現在までに12品種を品種登録し，2品種を登録申請中である．

また行政施策の面でも，主力となるリンドウや小ぎくの品種開発と種苗の安定生産・供給を目的とした事業や，花き生産者のネットワーク作りを支援する施策などを展開して本県の花き振興を推進している．

7.2.2 岩手県のリンドウ栽培の歴史（市町村名は合併前の名称を用いた）

国内におけるリンドウの本格的な切り花栽培は，昭和25年に長野県茅野市で山取株を利用して行われており，昭和28年頃には北海道や東北からも山取株を導入して栽培していたとする記録がある．

岩手県におけるリンドウ栽培は，昭和30年代にさかのぼる．正確な

時期の特定は困難であるが，昭和31年から38年3月まで盛岡農業高校で教鞭を執（と）られた吉池貞蔵氏（元岩手県園芸試験場長）の教えを受けて地元に戻った青年たちが中心となって，昭和35年頃には雫石町（しずくいし）や沢内村（現：西和賀町），安代町（あしろ）（現：八幡平市）で，山野に自生するリンドウを掘り上げ，畑地で切り花栽培する人や，薬用原料として出荷する人がいたようである．吉池氏は，昭和38年4月から岩手県園芸試験場に移り，リンドウの育種や栽培技術を本格的に手がけることになった．

栽培当初は，種子から育成する技術がなかったため，自生株を掘り上げて利用する方法がしばらく続いたが，山野の自然資源だけに次第に株の収集が困難になっていった．

種子から苗を育成する実生育苗技術に関しては，山取株の利用が始まると同時に当時の盛岡農業高校など，県内各地で試みられたが，非常に微細な種子（1 ml＝約3,000粒）の育苗は困難を極めた．しかし，「いわて国体」が開催された昭和45年，安代町の東隣に位置する岩手町の千葉長太郎氏が，実用的なリンドウの実生育苗に成功し，同46年には安代町と雫石町，同47年頃には沢内村，同50年衣川村（ころもがわ），同53年石鳥谷町（いしどりや）など，続々と実生育苗による栽培が開始され，岩手県が開発した品種の普及とともにリンドウ栽培が本格的に拡大し始めた．

ここでは，主力産地である安代町における実生育苗への挑戦から，平成8年に町立の「安代町花き開発センター」開所するまでの道のりを中心にして，岩手のリンドウをふりかえってみる．

安代町は山間寒冷地のため，稲作をはじめ農産物生産が不安定で，出稼ぎを余儀なくされていた．その打開策を求めて安代町の4Hクラブの青年達は昭和46年，これと言って特徴のない山間地の農業に「りんどう」を導入しようと活動を始めた．

山取り栽培の限界から，彼らは実生育苗技術の確立を目指し，実証圃を設置して栽培に取り組んだ．しかし，苦難の末に育成した苗を植える時になって猛烈な反対の声が青年達の親たちから上がった．リンドウの

栽培は，土壌 pH やせん虫の問題から，水田跡地が好適であるが，「食べ物でないものを水田に植えるとは何事か！」などと，不安定な作柄ではあるが稲作に対する親たちの強い思いが，彼らに対する激しい反対となって表面化した．それでも彼らは何度も食い下がり，最後には最も痩せた水田跡地ではあったが苗を定植することがやっと許された．彼らの両親たちにも，条件の厳しい安代に，何らかの新たな光を待ち望んでいる現れだったのかもしれない．

そして定植 3 年目，水田跡地にリンドウの花が咲き揃い，販売単価も上々だったことが，リンドウ栽培を本格的にスタートする大きなきっかけとなった．青年達の地域課題の解決を目指した活動が，ゆっくりと着実に山間寒冷地の農業を動かし始めた．

この青年達は，昭和 47 年に安代町農協花き生産部会を立ち上げ，リンドウ栽培の取組みを強化していった．パイオニアとなった青年達を中心とした部会活動は，部会役員会の協議ですべてを決定し，確実に実行していった．夕刻から始まる役員会は，しばしば深夜に及ぶことが多かったが，全員が納得ずくの会議故のことだった．

昭和 61 年，この役員会は組織内に総合販売部，栽培技術部，研究開発部を設け，生産上の様々な課題を自ら解決する手段を整えたことは特徴的である．特に研究開発部は，オリジナル品種開発を課題として早々に新品種開発に着手し，平成 8 年には初の独自品種となる切り花用晩生 F_1 品種「安代の秋」を品種登録している．

こうした安代町のリンドウ栽培や活発な部会活動事例が，連鎖的に県内各地に波及し，全県的な栽培面積の拡大や地域オリジナル品種の開発などに大きな影響を与えたことはいうまでもない．減反政策の推進もあって，安代町に続き沢内村，石鳥谷町，衣川村など，各地でリンドウの産地化が進み，昭和 60 年には岩手県のリンドウ生産額は長野県を抜いて 9 億円を突破し，全国 1 位になった（図 7.10）．

リンドウ生産の拡大とともに，主産地安代町には県内外の生産者や各

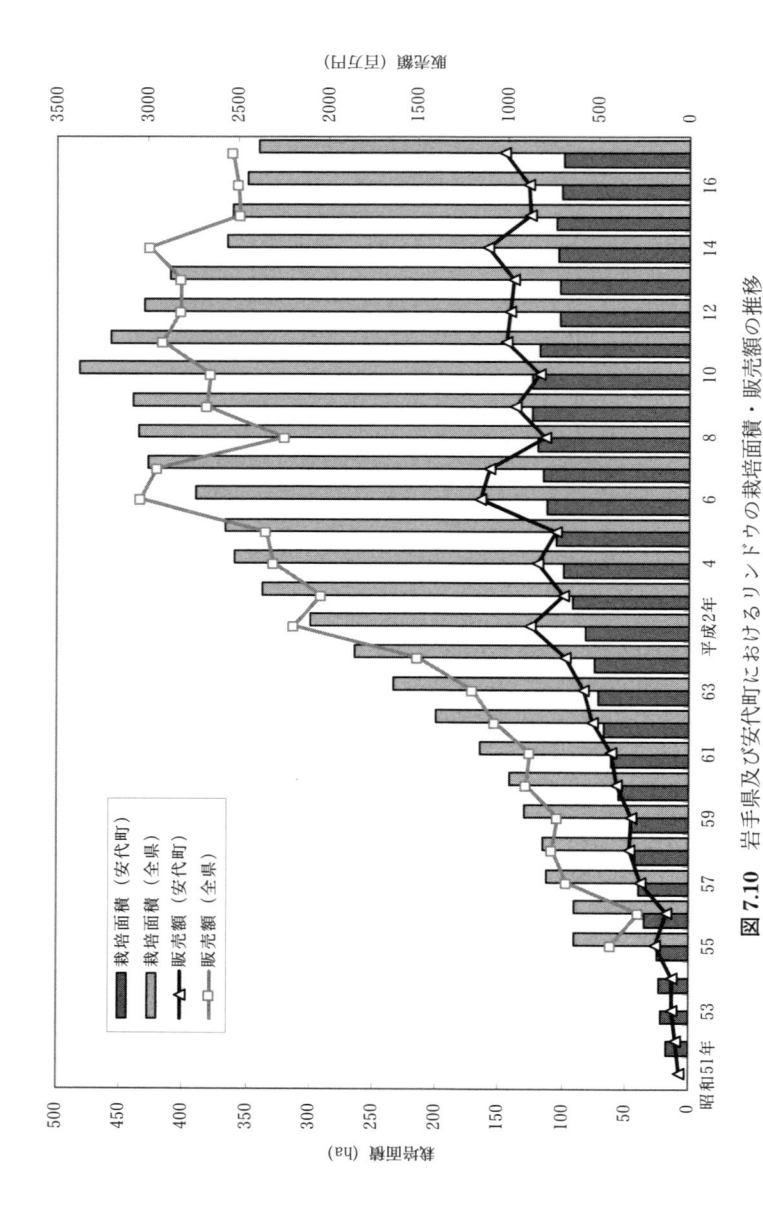

122   7. 地域ブランドの育成と農畜産物の需要拡大

図7.10 岩手県及び安代町におけるリンドウの栽培面積・販売額の推移

種の関連企業の視察が相次ぎ，旧安代町農協は様々な研究情報の集積・発信を強化するため，平成4年に農協内に「安代町花き開発センター」を設置し，それまで花き生産部会が実施してきた品種開発や栽培技術に関する研究を一層強化することとなった．その後リンドウの海外輸出やニュージーランドとの全町的な交流などにも取り組み，平成8年には新たに町立の「安代町花き開発センター」として組織強化を進めた．町立のセンター設立以降の詳細については，別項で紹介する．

7.2.3　リンドウの品種開発と栽培技術開発
(1)　県の研究機関による品種開発と栽培技術開発

　岩手県園芸試験場（現・岩手県農業研究センター）では，昭和42年からリンドウの山取株を利用した切り花生産に対応して，それまでのスイセンやヒヤシンスの球根生産技術を主体とした研究に加え，リンドウの品種育成に関する研究を開始した．昭和48年には育成系統間のF_1検定が実施され，昭和52年に本県初の切り花品種となる青系中生種F_1「いわて」を開発し，品種登録した．本県初の中生種「いわて」の誕生は，昭和45年からスタートした減反政策が進められる中で，稲作が不安定な県北寒冷地のみならず，全県的にも一躍リンドウを転作作物として推進・拡大する絶好の機会となった．

　県も花きの生産拡大を図るために，昭和49年からリンドウの品種開発を事業化し，現在までに切り花用9品種（種子系7品種，栄養系2品種），鉢物用3品種（種子系1品種，栄養系2品種）を品種登録し，現在2つの品種を登録申請中である（図7.11）．

　県が開発した品種の名称については，最初の開発品種となった中生種「いわて」の後は，郷土が生んだ作家であり，土壌肥料学者でもある宮澤賢治の童話作品に因んだ名称を選定し，開発品種に「いわてらしさ」と「岩手ならでは」を加えて「岩手りんどう」のブランド化を図ってきた．

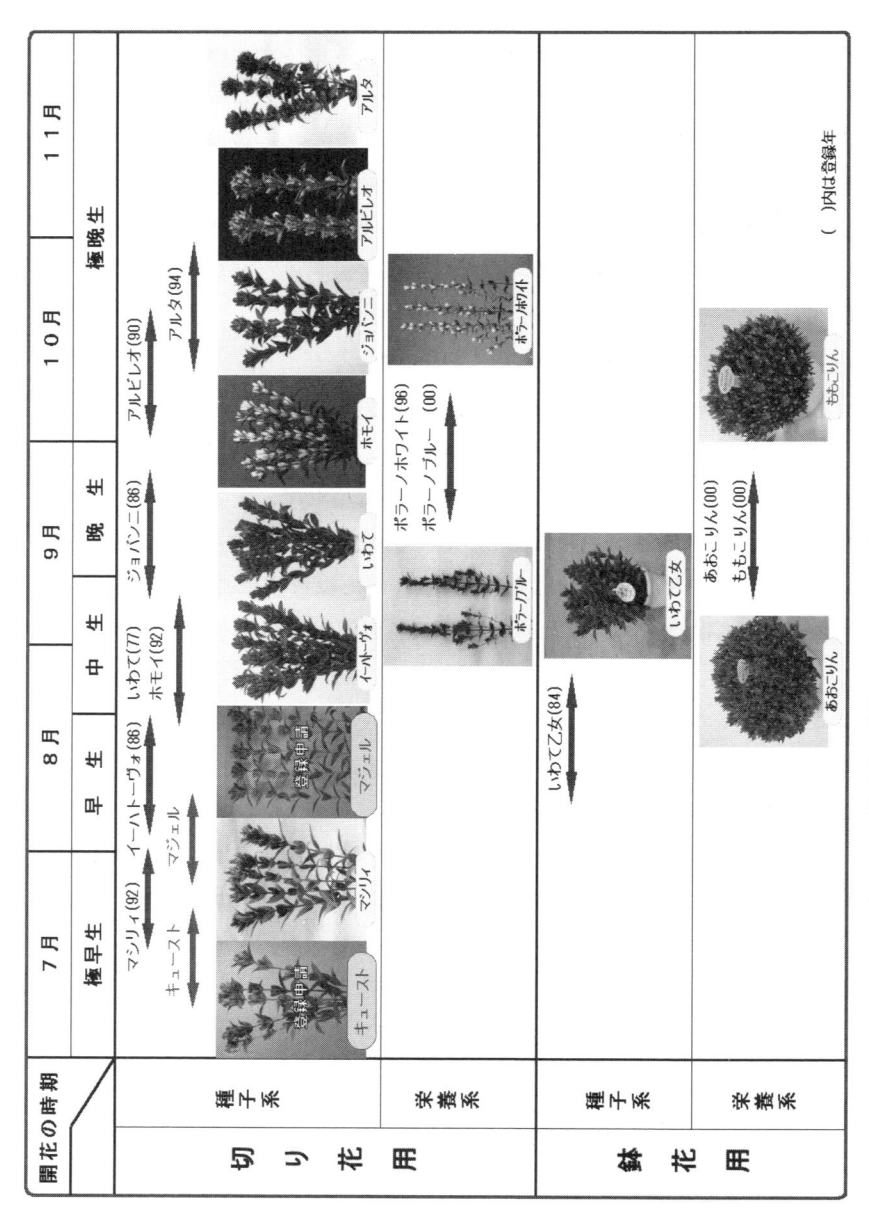

124　　　　　　　7．地域ブランドの育成と農畜産物の需要拡大

開花の時期		7月	8月		9月	10月	11月
		極早生	早生	中生	晩生		極晩生
切り花用	種子系	キュースト　マジョリイ(92)　イーハトーヴォ(86)	マジェル	いわて(77)　ホモイ(92)	ジョバンニ(86)	アルビレオ(90)　アルタ(94)	アルタ　アルビレオ
	栄養系	キュースト（登録申請）	マジェル（登録申請）	イーハトーヴォ	ボラーノブルー　ボラーノホワイト(96)　ボラーノブルー(00)	ホモイ　ジョバンニ　ボラーノホワイト	
鉢花用	種子系		いわて乙女(84)	いわて乙女			
	栄養系			ももこりん(00)　あおこりん(00)		あおこりん　ももこりん	

（　）内は登録年

図7.11　岩手県が開発したリンドウ品種（平成19年1月末現在）

これらの県開発品種の種苗供給は，県が事業化し，県と(社)岩手県農産物改良種苗センター，全農が連携して種子・種苗の生産と供給を計画的にすすめ，種子種苗の有効利用と計画的な面積拡大，計画出荷を支えてきたことも，「岩手りんどう」のブランド化に欠くことのできない要因である．

　一方，生産技術の開発に関しては，昭和44年から実生育苗技術や除草剤試験，栽植密度の検討など，本格的な栽培を支援する技術開発が行われるようになった．昭和55年には連作土壌の湛水化や水田利用に関する試験など，水田転作作物としてさらに推進するための土壌・肥料・病害の研究も行われた．

　F_1品種の種子生産に関する研究としては，昭和59年に組織培養による採種用親系統の増殖に関する研究が開始された．この研究は，開発したF_1品種の採種を安定的に維持するための重要な課題であるが，近年になって各種の採種用親系統を培養増殖する手法を明らかにした．今後は，培養増殖株を用いて採種を行い，均質な種子を計画的に供給することが期待される．また，平成元年には従来の移植育苗法に代わるプラグ育苗技術を開発し，F_1品種の種子の有効利用や育苗労力の大幅軽減が可能になり，栽培面積拡大の大きなきっかけとなった．特に平成2年に安代町は，補助事業を導入して自動播種機など一連のプラグ育苗関連機器などの整備をすすめ，全面的にプラグ育苗方式に切り替えた．こうした安代町のプラグ苗育苗方式への転換は，県内のリンドウ産地にも大きな影響を与え，平成5年頃までには全県がプラグ育苗法に転換した．

(2)　県内の民間育種による品種育成の動き

　オリジナル品種を開発・保有することは，開発経費や維持・管理技術の課題を伴うものの，その地域の気象条件に合致する品種開発や付加価値の高い販売を可能にすること，生産意欲の高揚などが期待できることから，県内のリンドウ主産地では，生産者やJA，市町村，有限会社な

どによる品種開発が活発に行われている．現在までに県の研究機関を除いた県内市町村，団体などによる地域オリジナル品種の品種登録数は20，個人育種家によるものは18に上り，出願公表中のものが18品種ある（平成18年12月18日現在）．

平成18年12月現在，オリジナル品種を登録している地域としては，安代町，室根村，衣川村，湯田町の4地域で，いずれも地域の農協や生産者組織が連携して開発したもので，この中で最も早い品種登録となったのは前出の「あしろの秋」を平成8年に開発した安代町である．一方，県内の個人育種家による品種開発は，平成3年に沢内村の石川氏が品種登録したピンク系切り花用晩生種「オリエント」と「マリア」が最初である．その後は石鳥谷町の高橋氏や安代町の伊藤氏など，現在も10人程度の個人育種家が品種開発を行っている．また組織培養施設を有し，独自品種を培養増殖して苗供給している個人育種家もいる．

県では，こうした個人や団体による品種開発の拡大とともに，知的財産保護への取組みとして，平成16年11月に農研センター内に「いわて農林水産知的財産相談センター」を設置し，農林水産業者の創造的な生産・加工活動や，農林水産物のブランド化を促進するための活動をスタートさせ，品種登録や特許などに関する相談業務を開始している．

7.2.4 「岩手りんどう」ブランドが創り，育てたもの

「岩手りんどう」ブランドの最大のポイントは，何よりもリンドウを商材として注目した吉池氏の的確な先見性である．地元の山野に自生する野生種を商品化するまでには，大変な苦労があったが，自生種であるが故に新品目の導入時のような，様々な障壁を事前にクリアしていたことは大きい．また品種開発は，そうした野生種に新たな価値を付与し，リンドウを商品として消費者に提案する大きな役割を果たしてきた．県が始めた品種開発事業は，今では県内の各産地における独自品種開発のきっかけとなり，新たな価値を創造する個人育種家や組織の活力が，新

たな人や組織との出会いの場を連鎖的に作り，ビジネスチャンスを拡大している．

中山間地の多い岩手県が，今後も農業立県として多面的に活力を発揮していくためには，内発型で真に地域に必要とされるアグリビジネスの創造と展開が重要である．そのためには地域の人材，自然資源，文化的資源などの価値を再評価し，それらを生かす，『地域ならではの産業を創造する』ことが必要である．

20世紀は，急速でかつ高度に科学技術が進歩し，地球環境を著しく変化させた．その中では高度で均質であることを重視する指向と，一極集中を是としてきたため，固有の文化が葬り去られてきたという指摘もある．今，時代は変革期を迎えている．地域ならではの，先人の知恵・文化・自然資源を，その地域に活かすようなアグリビジネスを創造・展開し，その情報を積極的に消費者や他の産業と交流させることが，中山間地域にとって新たなオリジナルブランドを生み，育てる出発点である．

「岩手りんどう」のブランドは，岩手の農家が消費者を含む関係者と一丸となって創り上げてきたものであるが，このブランドが「岩手りんどう」をブラッシュアップするための機会を与え，異分野との新たな接点をもたらすなど，リンドウ生産に関わる農家や関係者に多様なチャンスを与え続けていることを再認識すべきである．

人が交流して産地ブランドを創り，産地ブランドが人を交流させ，新たなチャンスを生み，育てているのである．

7.2.5　岩手県八幡平市の品種開発によるリンドウのブランド化に向けた取組み

(1)　生産者のオリジナル品種への熱き思いが「八幡平市花き研究開発センター」の整備へ結実

八幡平市は「リンドウ」生産日本一の産地である．同市安代地区（旧安代町）では，昭和46年の水田転作を機に，花き栽培に着目し，栽培条

件などを踏まえリンドウを導入して以来，地域が一体となって栽培に取り組んできた．しかし，花きをめぐる情勢は年々変化し，市場の大型化に伴う産地間競争の激化，消費者の花きへの需要の多様化が進んできた．このような中にあって，有力な独自品種を開発し，産地ブランドを確立することによる強い競争力の確保が必要になってきた．

　そこで，昭和61年に安代町農協花き生産部会が中心となり，組織的な育種事業を開始した．この育種事業には生産者が積み立てた花き価格安定基金の利子を使用して行ってきた．当時県の農業改良普及員として旧安代町に赴任した横山温氏（現八幡平市花き研究開発センター副所長）がこの事業を精力的にサポートし，平成4年には始めての独自品種「安代の秋」の品種登録申請を行うことができた．そこで，さらなる育種事業の強化，新品種の開発を組織的に行う体制が必要であることから，平成4年に旧安代農協内に「安代町花き開発センター」が整備され，農協職員の北口輝男氏と岩手県園芸試験場を退職された吉池貞蔵氏の2名の専任体制で品種開発に取り組んだ．品種開発のための資金は安定基金のみでは足りないので，生産者が育成中の品種を販売した時に1本1円拠出し，これを品種開発費にあてた．また，生産者，農協，役場などの関係団体でつくる「安代町花卉振興協議会」を平成3年に立ち上げ，研究開発費の徴収・管理や品種販売などを行う仕組みもできた．平成7年，このような生産者の育種に対する熱い思いをサポートする形で，旧安代町は研究職1名を採用し，さらに，培養室などを含む研究施設を整備した．平成8年町立の「安代町花き研究開発センター」として町がこの事業を引き継いだが，職員の人件費を除く研究開発費は生産者が拠出する体制も維持した．平成17年9月に旧安代町，旧松尾村，旧西根町が合併し，八幡平市が誕生し，同センターも「八幡平市花き研究開発センター」と名称を変更した．

　なお，八幡平市の平成17年度の生産者数，リンドウ販売額などは表7.2のとおりである．

7.2 岩手県におけるリンドウのブランド化

表 7.2 八幡平市安代地区切り花リンドウ生産の概要

項　目	数　値
生産者数	165 名
リンドウ販売金額	1,026,000,000 円
販売本数	24,954,000 本
単　価	42 円
オリジナル品種割合（本数）	70 %

(2) 育成された品種

今までに開発された品種は 10 品種で，そのうち 8 品種が品種登録または申請中である．

表 7.3 八幡平市オリジナル品種

登　録　者	花色・特徴	開花期	育成者	登録日	登録者
安代の秋	鮮青紫色	9月中～下旬	立花徳彦ほか	H8.3.18	八幡平市
安代の夏	鮮青紫色	7月下旬～8月上旬	吉池貞蔵ほか	H11.9.21	八幡平市
メルヘンアシロ	ピンク色，スプレータイプ，鉢花用矮性種	10月上旬	吉池貞蔵ほか	H11.9.21	八幡平市
シャインブルーアシロ	鮮青紫色，スプレータイプ，鉢花用矮性種	10月上旬	吉池貞蔵ほか	H11.9.21	八幡平市
ラブリーアシロ	紫ピンク	9月下旬	吉池貞蔵ほか	H14.7.10	八幡平市
安代の初秋（申請中）	鮮青紫色，葉は小さく立性	8月中～下旬	吉池貞蔵ほか	(H16)	八幡平市
安代のひとみ（申請中）	紫青色，鉢花用矮性種	8月上旬	吉池貞蔵ほか	(H16)	八幡平市
ニューハイブリッドアシロ	鮮明なブルー，茎・葉ともに細かく分枝する	7月下旬～8月下旬	吉池貞蔵ほか		
安代の星彩	淡いブルー	9月上～中旬	吉池貞蔵ほか		
クリスタルアシロ（申請中）	白にブルーのストライプ，鉢物用品種	9月上～中旬	吉池貞蔵ほか	(H18)	八幡平市

（3） リーダー「吉池貞蔵」と市をあげての体制づくり

　平成 5 年 7 月，当時安代町花き開発センターの所長だった吉池貞蔵氏が，ひょっこり著者（日影）の勤務地を訪れ，氏のリンドウの育種に対する熱き思いを語られた．その内容は，私なりに要約すると「生産者に役立つ品種開発を進めたい．リンドウの育種も優秀な F_1 品種育成を必要とする時代になっている．そのためには選抜技術の向上と併せて，F_1 品種の親株を増殖する技術の開発が必要である．また，育成された品種もほんとうにいいものであれば世界で通用するので，世界で活用し，品種開発に生かしていく仕組みも作っていきたい．そのため今南半球のニュージーランドでの安代リンドウ品種の栽培を始めた」ということであった．

　吉池氏の構想を実現するには，「F_1 親株の増殖技術の開発」と「育成された品種の海外での栽培技術の確立」が必要であり，これが私の仕事になった．親株の選抜技術については，平成 15 年まで吉池氏が担当し，それ以降は副所長と主任技師の 2 名で継承している．さらに，大学院マスターコースを修了した者 1 名を培養のスペシャリストとして新規採用し，胚培養，葯培養などの新たな育種法も手に入れた．現在このセンターは，研究職員 3 名・行政職員 1 名・農協職員 1 名・臨時職員 2 名で運営している．市単独でこのような研究センターを持っているところはまれであり，歴代町長（北舘義一元安代町長・米川次郎前安代町長）および田村正彦八幡平市長を先頭とする市をあげての強力な体制づくりにより，安代リンドウのブランド化に向けた取組みが成果を上げたと考えている．

（4） 品種開発による産地ブランドの強化
(1) 優秀な親株の選抜および組織培養による親株の増殖による品質向上

　性質のそろった，優れた品種を毎年供給するためには，親個体を維持

することが重要であり，本施設では，親株を組織培養により増殖する，いわゆるクローン苗の栽培を研究している．八幡平市の品種の約8割が親株（母株・花粉株）をクローン増殖している．これらの均質な品種は当市独自品種の大きな特徴である．例えば，「安代の夏」という品種は親株により早生〜晩生の3種類を育成しており，3週間の内に3品種が開花することになり，生産者には省力効果が大きいと思われるし，消費者にはより均質で高品質な品種を提供できることになる．

平成18年11月にジャパンフラワーセレクション実行協議会の主催する第1回フラワーオブザイヤーにて，当センターが「新品種ビジネス大賞」をいただいた．その授賞理由は「安代の夏」と「安代の秋」が平成17年にはリンドウの販売本数でそれぞれ日本の1位と2位になったことであった．これらの品種が優秀な品種であることはもとより，親株が組織培養により増殖された品種であるため，品質が均質であることが生産拡大に結びつき，最終的に販売本数日本一になったものである．

(2) 生産者組織「有限責任中間法人安代リンドウ開発」の設立と品種活用強化

育成品種が増えていくに従い，その品種の戦略的活用が必要であるとの認識が生産者の間に生まれてきた．また，生産者も品種開発費を拠出していることから，合併後の品種の販売権を明確にしておく必要があった．そこで，平成16年3月31日にリンドウ生産者全員が社員となる「有限責任中間法人安代リンドウ開発」を設立した．その後，町と合同育種契約と専用利用契約を結び，八幡平市にその契約も引き継がれた．その契約のコンセプトは以下のとおりである．

a. 生産者と市は合同で育種する．
b. 育種の資金は両者で負担する．
c. 合同育種によりできた品種は市の所有とする．
d. 有限責任中間法人安代リンドウ開発は日本における販売権を持つ．

この契約により，「品種の育成」は八幡平市が主体となって行い，「品

種の保護と活用」は有限責任中間法人安代リンドウ開発が主体として行う仕組みができたことになる．現在，同法人は，八幡平市の品種構成を見直し，需要と供給のアンバランスの解消に努め，成果をあげている．また，市場訪問などの販売促進活動にも積極的に取り組んでいる．

(3) 鉢物リンドウ産地の誕生

八幡平市オリジナルリンドウ品種の育成により新たな産業が育成できた典型的な例として，鉢物リンドウ「メルヘンアシロ」「シャインブルーアシロ」がある．これらの品種は平成11年から出荷が開始された．現在では敬老の日に欠かすことのできない品目として1億円にせまる産業に成長している．鉢物の生産者で作る鉢物研究会には，若い生産者の新規加入も多く，大変元気な研究会になっている．この鉢物リンドウの出荷のきっかけは，当初としては挿し芽当年でなく2年目に仕上げ鉢にして出荷する体制が一般的であったものを，生産者が挿し芽当年に仕上げ鉢までにするというアイデアを出し，1年目で仕上げる新たな方法に鉢物研究会一丸となって取り組んだことであった．

品種の特性を生かす生産者の柔軟な発想により新たな需要開拓ができる．これも生産者と育成者が近いところにいるからできることなのではないだろうか．

(5) 世界にはばたけ「安代りんどう」

「高品質のリンドウ品種を育成し，日本のみならず，世界で活用し，品種開発に生かす」という戦略をブランド化のキーワードにして，取組みの強化を図っているところであり，少しずつではあるが，成果を上げてきている．

ここでは，以下の取組みを紹介したい．

(1) 海外事業の展開によるブランドイメージの開発

リンドウは国内では仏花として安定的に使用されているが，多様な用途に使用するためには年間を通して国内でのリンドウの生産ができる必

要がある．ただし，このことは現状の品種，技術，コストでは不可能であることから，冬場にニュージーランドで生産し，周年出荷をする事業を平成 4 年からスタートさせた．現在ではニュージーランド北島で 1 名，南島で 4 名が生産に取り組んでいる．日本への輸出本数の推移は表 7.4 のとおりであるが，残念ながら「安代の秋」はニュージーランドでは 2 月中旬が開花期のため，日本での需要が少ないが，ヨーロッパでのバレンタインデーでの需要があり，日本への輸入は減少している．ピンク系の品種であれば，冬場での使用も可能なことから，今後，ブルー 4 割・ピンク 4 割・白 2 割の品種構成を目指して，品種の作付けの変更に取り組み，世界にその品質を認められるよう努力し，「安代りんどう」のブランド化を図っていきたいと考えている．

表7.4　日本へのリンドウの輸入

年　　次	本　　数	単　価
平成 11 年	1 万本	110 円
平成 12 年	3 万本	95 円
平成 13 年	7 万 5,000 本	90 円
平成 14 年	13 万本	85 円
平成 15 年	6 万本	95 円
平成 16 年	2 万本	97 円
平成 17 年	5 万本	90 円

なお，平成 14 年からは，EU へのリンドウ切り花の輸出に取り組んでいる．この活動は，平成 18 年度の首相官邸で開催された「立ち上がる農山漁村」有識者会議にて 50 事例のひとつに選定された．

(2)　ニュージーランドとの合同育種事業による新規花色品種の育成

リンドウ切り花の試験栽培をニュージーランドの独立行政法人 Crop & Food 研究所に依頼したことが縁となり，平成 13 年にニュージーランドの育種グループにより育成された「赤いリンドウ」をはじめとするリンドウ近縁種との交配系統を安代町で試験栽培し，活用しようという研究がスタートし，平成 17 年 4 月に安代町および安代町の生産者とニュージーランドの育種グループとで出資した新会社を設立，合同育種がスタートし，八幡平市でも継続している．平成 18 年度は JETRO 盛岡の「ローカル トゥ ローカル事業」に採択され，ニュージーランドの研究者・育成者との技術交流も活発に行うことができた．マスコミにも

紹介されたことから「赤いリンドウ」の育成への生産者の期待感も高まってきている．北緯40度，南緯40度の生産地で生まれたお互いの知的所有権を保護したうえで，お互いの技術を生かし合うことにより，合同育種品種が生まれ，新しい産業を創出することができる．そんなことを夢見て日夜努力しているところである．

（阿部　潤・日影孝志）

8. 環境保全とバイオマス構想

持続可能な社会の実現をめざす，わが国の大きな課題に環境に係わる諸問題と地球温暖化対策がある．わが国の農業の基本指針は「食料・農業・農村基本計画」にあり，日本の農業が環境保全及び環境との調和を図り，バイオマス資源の有効活用に大きく貢献できる施策として「バイオマス・ニッポン総合戦略」がある．農業の環境施策もまた持続可能な社会の形成や地球温暖化防止に対応して進展させ，多方面の機関と連携して進める必要がある．

8.1 環境保全

8.1.1 食料・農業・農村基本計画

農林水産省は「食料・農業・農村基本計画」を食料・農業・農村基本法に基づき，前回は2000年（平成12年）3月に策定し，情勢の変化や施策の評価を行い約5年ごとに見直している．現在の基本計画は2003年8月から策定に着手し，2005年3月9日に食料・農業・農村政策審議会から農林水産大臣に対し答申が出され，同年3月25日に新たな食料・農業・農村基本計画が閣議決定された．その主な内容は，食料自給率目標の設定，食の安全と消費者の信頼の確保，担い手の経営安定対策と農地利用集積促進，環境保全の重視と農地・農業用水など資源の保全，農産物の輸出やバイオマスの活用など「攻めの農政」に関して政策改革の方向付けを行い，その推進には工程表の作成，施策の効果検証など的確な工程管理を行うことを明記した[1]．

8.1.2　農業の環境貢献評価

前回2000年の策定の後，2005年に新たな食料・農業・農村基本計画が閣議決定されるまでの間に次の動きがあった．2000年12月14日に，農業および森林の多面的な機能について，農林水産大臣から日本学術会議会長に対し「地球環境・人間生活にかかわる農業及び森林の多面的な機能の評価」の諮問があり，その後2001年11月1日に日本学術会議会長から答申が行われた．この答申によると，農業の多面的機能の価値に対する評価額は8兆2,000億円，森林の同評価額は70兆円であった．農業による主な貢献は洪水防止機能，保健休養・やすらぎ機能，河川流況安定機能などであり，農業生産そのものに加え，農業の多面的機能が環境に及ぼす影響が大きいことを示した[2,3]．

日本学術会議が農業・森林の多面的機能を評価。
貨幣評価が可能な機能について金額に換算すると、洪水防止機能で3兆5千億円など。

○農業の有する多面的機能

【1　持続的食料供給が国民に与える将来に対する安心】
【2　農業的土地利用が物質循環系を補完することによる環境への貢献】
①農業による物質循環系の形成
洪水防止、土砂崩壊防止、地下水涵養、有機性廃棄物分解など
②二次的（人工の）自然の形成・維持
生物生態系保全、みどり空間の提供、日本の原風景の保全など
【3　生産・生活空間の一体性と地域社会の形成・維持】
①地域社会・文化の形成・維持
地域社会の振興、伝統文化の保存
②都市的緊張の緩和
人間性の回復、体験学習と教育

○農業の有する多面的機能の評価額

機能の種類	評価額（億円/年）
洪水防止機能	34，988
河川流況安定機能	14，633
地下水涵養機能	537
土壌侵食（流出）防止機能	3，318
土砂崩壊防止機能	4，782
有機性廃棄物処理機能	123
気候緩和機能	87
保健休養・やすらぎ機能	23，758

○森林の有する多面的機能

【1　生物多様性保全機能】
遺伝子保全、生物種保全、生態系保全
【2　地球環境保全機能】
二酸化炭素吸収、化石燃料代替、地球気候システムの安定化
【3　土砂災害防止機能／土壌保全機能】
表面侵食防止、表層崩壊防止、雪崩防止、防風
【4　水源涵養機能】
洪水緩和、水資源貯留、水量調節、水質浄化
【5　快適環境形成機能】
気候緩和、大気浄化、快適生活環境形成
【6　保健・レクリエーション機能】
療養、保養、行楽、スポーツ
【7　文化機能】
景観・風致、学習・教育、芸術、宗教・祭礼
【8　物質生産機能】
木材、食料、工業原料、工芸材料

○森林の有する多面的機能の評価額

機能の種類	評価額（億円/年）
二酸化炭素吸収	12，391
化石燃料代替	2，261
表面侵食防止	282，565
表層崩壊防止	84，421
洪水緩和	64，686
水資源貯留	87，407
水質浄化	146，361
保健・レクリエーション	22，546

農業及び森林の有する多面的機能の評価額については、
（注1）多面的機能のうち、貨幣評価が可能な一部の機能について、日本学術会議の討議内容を踏まえて評価したもの。
（注2）多面的機能のうち一部の機能の評価にすぎないこと等から、合計額は記載していない。
（注3）保健休養・やすらぎ機能については、機能のごく一部を対象とした試算。
〈参考〉日本学術会議「地球環境・人間生活にかかわる農業及び森林の多面的な機能の評価について（答申）」（平成13年11月1日）

図8.1　農業及び森林の多面的な機能の評価[2)]

8.1.3 自然再生推進法と景観緑三法

　他の省庁の動きをみると，環境省が 2003 年 1 月 1 日に自然再生推進法を施行し，過去に損なわれた生態系と自然環境を取り戻すことをめざした．これは地域の多くの主体が参加して河川，湿原，干潟，藻場，里山，里地，森林，サンゴ礁などの自然環境を保全，再生，創出または維持管理して生物多様性を保全することをめざしている[4]．

　国土交通省は 2005 年 6 月 1 日に景観緑三法を施行し，都市，農山漁村等の良好な景観形成を得るための景観計画の策定と，景観計画区域と景観地区などで良好な景観を形成するための規制，及び景観整備機構による支援などを行っている[5-7]．

　わが国の食料と農業の観点から施行した農林水産省の食料・農業・農村基本計画は，これら各省の施策との連携によって，持続可能な社会に向けた農業基盤の整備を総合的かつ効率的に進展させることを求めている．

8.1.4 環境保全型農業

　農林水産省の循環型社会構築・地球温暖化対策推進本部は 2003 年 12 月 25 日に「農林水産環境政策の基本方針―環境保全を重視する農林水産業への移行―」を提示した[8,9]．その基本的な認識として大量生産，消費，廃棄社会から持続可能な社会への転換，農林水産業の自然循環機能の発揮，農林漁業者の主体的努力と消費者の理解・支援，都市と農山漁村との共生・対流，農林水産省が支援する農林水産業は環境保全を重視するものへ移行することの 5 項目がある．農業に関する具体的な基本方策は，たい肥利用など適切な肥料と適切な農薬の使用による環境負荷の低減など物質循環を促進すること，つまり環境保全を重視する農業の指針の策定を進めて，補助事業や制度資金は環境を重視するものに移行させる．また農林水産省自身も省エネルギーやリサイクル，環境マネジメントシステムを導入するなど積極的に環境対策に取り組む姿勢を示

8. 環境保全とバイオマス構想

農林水産環境政策の基本方針

環境保全を重視する農林水産業への移行

基本認識

○施策展開に当たっての5つの基本認識

1. 大量生産、消費、廃棄社会から持続可能な社会への転換
2. 農林水産業の自然循環機能の発揮
3. 農林漁業者の主体的努力と消費者の理解・支援
4. 都市と農山漁村との共生・対流
5. 環境保全を重視する農林水産業への移行

基本方策

○環境保全を重視する農林水産業への移行のための10の基本方策（実行）

1. 情報の開示・提供と説明
2. 国民の意見を反映した政策づくり
3. 多様な主体参加による施策推進
4. 環境に即した施策相互の連携
5. 環境保全を重視する農業のための指針の策定
6. 補助事業、制度資金における環境保全の重視
7. 事業のグリーン化（環境配慮）
8. 明確な目標の設定と評価
9. 科学的な知識に基づく施策の実施
10. 農林水産省自身の環境配慮

各環境分野の施策

1. 健全な水循環
   (1) 国土の8割を占める森林、農地の水涵かん養、浄化機能の活用
   (2) 農山漁村地域の水質改善
   (3) 水質浄化機能を持つ藻場・干潟の造成

2. 健全な大気循環
   (1) 地球温暖化対策としての森林整備
   (2) 農林水産業、食品産業の二酸化炭素の排出削減

3. 健全な物質循環
   (1) バイオマスの総合的な利活用の推進
   (2) 環境保全を重視する農業の推進
     ① 肥料、農薬による環境負荷の低減
     ② たい肥による物質循環

4. 健全な農山漁村環境の保全
   (1) 都市と農山漁村の共生・対流
   (2) 生物多様性、多様な生態系の保全

今後検討すべき課題

試験研究・技術開発　　環境教育・食育の推進　　農林水産環境政策の基本方針

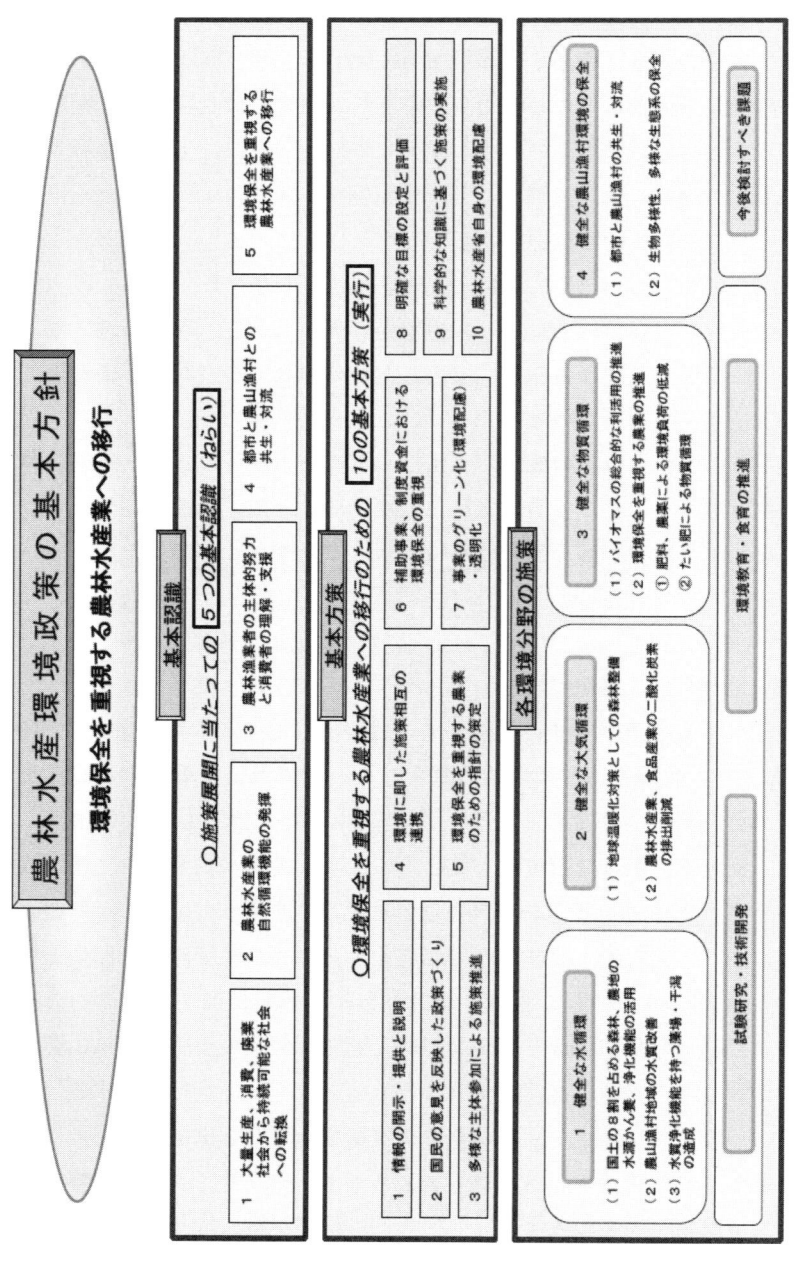

図8.2 農林水産環境政策の基本方針[8,9]

した．

　さらに具体的な項目では，健全な森林の育成，豊かな海と森を育む連携，農地の維持・保全と安定的な用水供給機能等の確保，農山漁村地域の水質改善と関係 5 省との水循環系構築，環境保全を重視する農業，家畜排泄物の適正管理などがあり，それに加え，後で述べるバイオマス・ニッポン総合戦略を推進することを明記している．

　環境保全を重視する農業を具体的に進める方法には，適切な肥料と適切な農薬の使用，たい肥利用，窒素収支の適正化，防虫ネットなど物理的防除，天敵など生物的防除，及び化学合成農薬低減を組み合わせた総合的病害虫群管理（IPM）などがある．

8.1.5　環境保全型農業の宮城県の取組み

　環境保全型農業に関連した宮城県の例を示す[10]．同県では多くの環境施策を実施しているが，その中で「農業・農村対策」と「農地関連の取組み」の 2 つの環境施策が広義の環境保全型農業に該当する．

　第 1 の農業・農村対策では同県は「みやぎの人と環境にやさしい農業（エコファーマー推進）」と「宮城の環境保全型農業をみんなで語ろう！掲示板」を運動として実行し，持続性の高い農業生産方式，つまり土づくり，化学肥料と化学農薬の低減を同時に行う生産方式，及び知事の認定を受けたエコファーマーの推進を図っており，宮城県のエコファーマー認定者数は 2006 年 12 月現在 4,059 人である．エコファーマーとは「持続性の高い農業生産方式の導入に関する計画」を県知事に提出して，認定を受けた農業者（認定農業者）の愛称で，2000 年 8 月から開始した．エコファーマーには農業改良資金（環境保全型農業導入資金）や税制上の特例措置の特典がある．

　また持続性の高い農業生産技術として
　(1)　土づくり：たい肥，緑肥作物利用
　(2)　化学肥料低減技術：局所施肥，肥効調節型肥料，有機質肥料

(3) 化学農薬低減技術：温湯種子消毒，機械除草，除草用動物利用，生物農薬利用，対抗植物利用，抵抗性品種栽培・台木利用，熱利用土壌消毒，光利用，被覆栽培，フェロモン剤利用，マルチ栽培があり，環境保全の趣旨に合致した農業を推進している．

第2の農地関連の取組みには「環境（配慮）調和工事の進め方」と「ため池」が該当し，多機能植物利用の水質浄化実証事業として，在来の陸生植物（野菜・花き等）を利用した農業用排水の植生水質浄化，及び水質浄化実証を通じた環境保全教育と啓蒙活動を行い農村景観などの保全を図っている．

8.1.6 宮城県の県北地域　ふゆみずたんぼ

宮城県栗原市と登米市(とめ)にある伊豆沼と内沼，および栗原市・登米市・田尻町に囲まれた蕪栗沼(かぶくり)と周辺の水田はマガン，ヒシクイ，マガモなど有数のガン・カモ類の越冬地であり，ハクチョウなど30種以上の野鳥が生息する．この湿地は野鳥の宝庫としてラムサール条約に認められた．この条約は1971年にイランのラムサールで開催された「湿地及び水鳥

図8.3　蕪栗沼の野鳥

の保全のための国際会議」で「特に水鳥の生息地として国際的に重要な湿地に関する条約」が採択され，1975年12月21日に発効している[11]．

この地域の「ふゆみずたんぼ」，つまり冬期湛水不耕起田とは米の収穫の後も，田を耕さずに田植えの時期まで水を張り続けて維持する水田であり，江戸時代から「田冬水」と呼ばれ，冬期にも菌類やイトミミズなどが育ち，雑草が育ちにくい上に有機米栽培ができる豊穣な水田となる．ここでは人間，稲作，水鳥，水田生物との共生や物質循環が可能であり，この地域は共生の象徴と言われている[12]．

8.1.7　グリーン・ツーリズム

都市の生活者が農山村の自然や文化に触れて，地域の人と交流を楽しむ余暇活動をグリーン・ツーリズムと呼び，2001年日本学術会議の答申の中で示したように，保健休養・やすらぎ機能が農業の多面的な機能の全評価額のうちの28％を占める．その後2003年12月の「農林水産環境政策の基本方針—環境保全を重視する農林水産業への移行—」でもグリーン・ツーリズムを推進することを奨励している．

宮城県では2005年12月22日に「みやぎグリーン・ツーリズム推進協議会」が設立された．この協議会は農山漁村と都市が交流し，都市住民に「ゆとりとやすらぎ」を提供し，かつ農山漁村地域の活性化を目的とし，県と各機関が協力して実施する方向を示し，観光と相互の交流および地域振興など具体的な活動の展開を始めた[13]．

8.2　バイオマス・ニッポン総合戦略

バイオマスとは生物由来の有機性資源を示し，太陽エネルギーを生物が固定化した枯渇しない資源であり，光合成と大気を介して炭素が循環するため二酸化炭素が大気中で増加しないと見なされ，カーボンニュートラルであるという．

「バイオマス・ニッポン総合戦略」は内閣府と5省が連携して作成し2002年12月27日に閣議決定された．2003年12月25日に農林水産省が提示した「農林水産環境政策の基本方針─環境保全を重視する農林水産業への移行─」にも環境保全を重視する農業や家畜排泄物の適正管理などを推進し，バイオマス・ニッポン総合戦略を主体的に実施することが示されている[14]．

8.2.1　京都議定書とバイオマス・ニッポン総合戦略閣議決定

「気候変動に関する国際連合枠組条約」（通称，気候変動枠組条約）が1992年に作成され，1997年に京都議定書が合意した後は停滞していたが，その後ロシアが批准したことにより2005年2月16日に京都議定書が発効した．そこでわが国は，2008年から2012年の平均的な二酸化炭素の排出量を，1990年の排出量に比べてマイナス6％のレベルに削減することを公約した．

　上記のように，わが国では2002年末に「バイオマス・ニッポン総合戦略」が閣議決定され，バイオマスの利用と活用の動きが国の方針として本格化した．当初は廃棄物系バイオマスが主な対象となるが，近い将来2010年には未利用バイオマスを活用すること，2020年には資源作物の栽培が主流となることを示した．

8.2.2　バイオマス・ニッポン総合戦略の見直し

　続いて，内閣府と6省が連携しこの総合戦略の見直しが行われ，2006年3月31日に閣議決定された．内容は，2030年を見通したバイオマス・ニッポンの方針の提示，バイオマスの利活用を国民の理解を得て増進，バイオマス由来輸送用燃料の導入，バイオマスタウン構築の本格化，バイオマス利活用技術の開発，バイオマス製品・エネルギーの利用の増進，アジア諸国など海外との連携である．つまり大きな流れは地域振興，バイオマス由来輸送用燃料導入とエネルギー利用および海外と

の連携などであり，2006年11月の安倍首相のバイオ燃料600万kl導入宣言が大きく取り上げられた．

8.2.3 バイオマスエネルギー導入目標設定

資源エネルギー庁の2010年度の新エネルギー導入目標は原油換算1,910万kl，新エネルギーの1次エネルギーに占める割合が3％程度となり，2002年度の約2倍となる．新エネルギーの2010年度の目標のうち，廃棄物発電とバイオマス発電の合計が586万kl，バイオマス熱利用が308万klとなっており，多くの割合をバイオマスエネルギーが占め，バイオマスの寄与が大きくなることを示している[15]．

8.2.4 未利用バイオマスの利用促進

わが国のバイオマス賦存量のうち，未利用バイオマスとして農作物非食用部，食品廃棄物，林地残材などを今後活用することが望まれている．図8.4に地域バイオマスの活用事例を示す[16]．

8.2.5 宮城県でのバイオマスの可能性

バイオマスの利活用は中央から地域への展開が主題となっている．そこで宮城県の例を次に示す．宮城県は「食材王国みやぎ」を名乗り，食に関する産業が県の産業に占める割合は大きい．食産業はエネルギー創生の宝庫でもある．図8.5及び図8.6にバイオマス利用の可能性を示す．宮城県ではバイオマスの種類を家畜排せつ物，生ごみ，食品廃棄物，木くず，建設発生木材，剪定枝等，古紙，黒液，し尿処理汚泥，下水汚泥，林地残材，稲わら，もみ殻の13種類に分類し，県内には炭素量換算ベースで100万t相当が存在することを示した[17]．

宮城県の食産業系バイオマスでは家畜排せつ物と稲わら・もみ殻が圧倒的に多く，野菜や果物などの植物加工残さ，ワカメ，コンブやホヤの殻などマリンバイオマスも注目される．バイオマスが大量集積できれば

144 8. 環境保全とバイオマス構想

図 8.4 地域バイオマスの活用事例

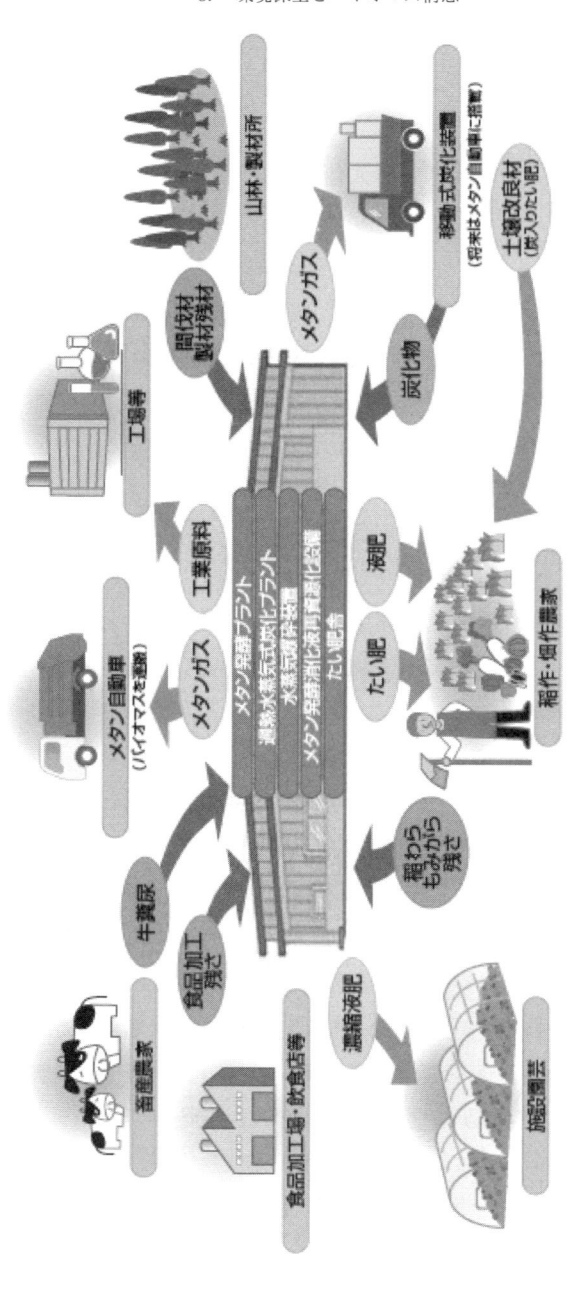

資料：農林水産技術会議事務局／農林水産バイオリサイクル研究「システム実用化千葉ユニット」作成パンフレット．

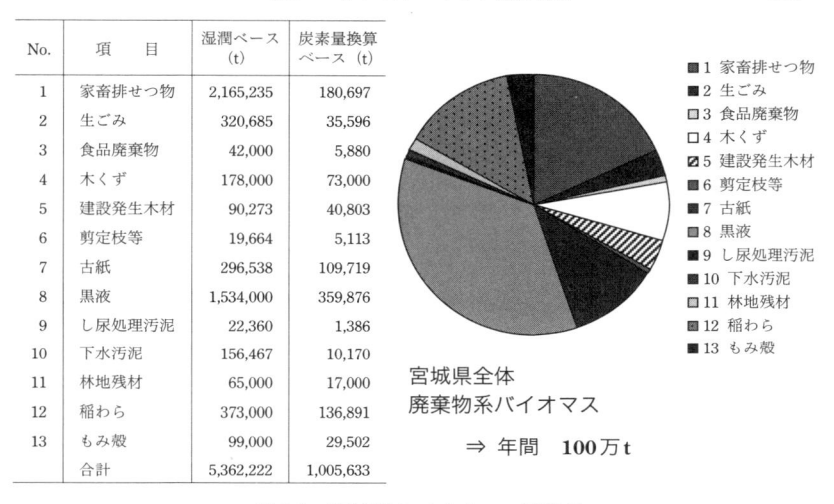

No.	項目	湿潤ベース (t)	炭素量換算ベース (t)
1	家畜排せつ物	2,165,235	180,697
2	生ごみ	320,685	35,596
3	食品廃棄物	42,000	5,880
4	木くず	178,000	73,000
5	建設発生木材	90,273	40,803
6	剪定枝等	19,664	5,113
7	古紙	296,538	109,719
8	黒液	1,534,000	359,876
9	し尿処理汚泥	22,360	1,386
10	下水汚泥	156,467	10,170
11	林地残材	65,000	17,000
12	稲わら	373,000	136,891
13	もみ殻	99,000	29,502
	合計	5,362,222	1,005,633

宮城県全体
廃棄物系バイオマス
⇒ 年間 100万 t

■ 1 家畜排せつ物
■ 2 生ごみ
□ 3 食品廃棄物
□ 4 木くず
☒ 5 建設発生木材
■ 6 剪定枝等
□ 7 古紙
■ 8 黒液
■ 9 し尿処理汚泥
■ 10 下水汚泥
■ 11 林地残材
□ 12 稲わら
■ 13 もみ殻

図8.5 宮城県のバイオマス賦存量

バイオマスリファイナリーの運用が可能だが，最終的にはコストと環境税などのインセンティブが必要となる．今後は土地活用，エネルギー作物栽培，技術開発，及び食産業に新しい価値を創造することで将来を拓き，地域振興に貢献する必要がある[18]．

8.2.6 消化液処理の環境負荷低減と評価

食産業系バイオマスのメタン発酵処理は有機物を分解し環境負荷を下げ，副産物としてエネルギー利用が可能であり，分解後の消化液も肥料として利用できることから畜産糞尿など農業系廃棄物や生ごみなどの処理に適用されてきた．しかし，メタン発酵の残さとなる消化液には高濃度のアンモニア性窒素やCOD成分が含まれ，全てを液肥として圃場に散布する手法は地域によっては限界がある．消化液のアンモニア性窒素の低減に関して，井原ら[19]は電解酸化処理を実験的に検討した．電解酸化処理方法が窒素成分を完全に分解できる特徴を生かし電力消費を低減できれば，自家発電と電解酸化処理を組み合わせて，適正量を圃場に

国内バイオマス賦存量(万t)	
家畜糞尿	8,900
下水汚泥	7,500
食品残さ	2,200
農作物非食部	1,300
間伐材等	370

地域バイオマス

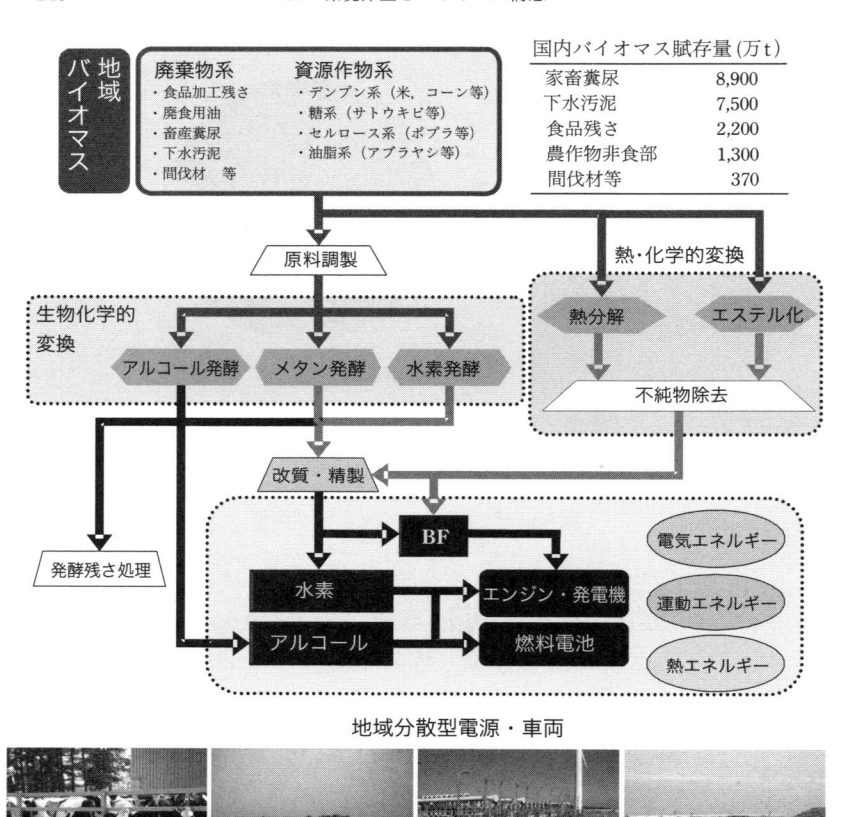

廃棄物系
・食品加工残さ
・廃食用油
・畜産糞尿
・下水汚泥
・間伐材　等

資源作物系
・デンプン系（米，コーン等）
・糖系（サトウキビ等）
・セルロース系（ポプラ等）
・油脂系（アブラヤシ等）

図8.6　地域バイオマスの高度利用とエネルギー創生

　肥料として還元し，余剰となる消化液のアンモニア性窒素を分解でき，環境負荷が小さいメタン発酵システムを実現できる．環境負荷評価を行うには，農業の分野でもリスクの評価やライフサイクルアセスメント（LCA）などを積極的に導入し定量的に判断することが望まれる[20]．

8.2.7 宮城県の休耕田活用の可能性

米の生産と流通は食料セキュリティに基づいているが，わが国では高齢化などによる農業の担い手の減少や生産調整により，休耕田（耕作放棄水田を含む）が増加している．2000年の全国の耕作放棄面積は21万ha,水田全国平均の耕作放棄地率は3.6％であり，宮城県の耕作放棄地は6,368 ha で耕作放棄地率は5.0％，このうち耕作放棄水田面積は2,952 ha，その放棄率は2.3％で，近年増加の傾向にある[21]．休耕田の活用としては3つの可能性がある．第1は稲の超多収品種や飼料用稲の栽培とアルコール燃料化を含むエネルギー利用，第2に米以外の高収益作物やスイートソルガム，菜の花，ソフトバイオマスなどエネルギー作物の栽培，第3にファイトレメディエーション（phytoremediation）つまり汚染の懸念がある水田をエネルギー作物の栽培により浄化し改良する方法などがあり，緊急時には水田の復活も視野に入れる．休耕田の活用には食料セキュリティとバイオマスの利活用の両面からの検討が必要である．

図8.7 鳴子地区　菜の花栽培と観光

8.2.8 宮城県川崎町のバイオマスタウンの取組み

バイオマスタウンはバイオマス・ニッポン戦略の柱の1つであり，2007年1月現在全国で67か所の市町村がある．全国各地のそれぞれの地域で異なった，特徴のあるバイオマスの利活用を組み合わせ，地域の発展に寄与することが推奨されている．現在，宮城県では川崎町が唯一のバイオマスタウンである．川崎町では家畜排せつ物，家庭生ごみ，下水，し尿汚泥などを活用した完熟堆肥の利用により，自然に負荷をかけない安全な土づくりを試みている．また，未利用の林地残材などを建築ボードや木質ペレットに変換することにより，森林の水源かん養機能を高め，「人と自然が息づく美しいまち　森をつくるまち」を実現することを目標にしている[22]．

参 考 文 献

1) http://www.maff.go.jp/keikaku/20050325/top.htm
2) http://www.maff.go.jp/work/0-1.htm
3) 祖田　修ほか編：農林水産業の多面的機能，農林統計協会（2006）
4) http://www.env.go.jp/nature/saisei/law-saisei/index.html
5) http://www.mlit.go.jp/crd/city/plan/townscape/keikan/index.htm
6) バイオマスエネルギーの実用化技術に関する調査研究，平成16年度研究開発委員会，エネルギー・環境研究部会報告書，財団法人エンジニアリング振興協会（2005）
7) 地球温暖化問題と廃棄物問題に対応した新エネルギー技術・リサイクル技術等関連エンジニアリングの動向と今後のあり方に関する調査報告書，第2分冊，地球環境問題と新エネルギー分野，平成17年度研究開発委員会，エネルギー・環境研究部会報告書，財団法人エンジニアリング振興協会（2006）
8) http://www.maff.go.jp/kankyo/kihonhousin/zentai.pdf
9) http://www.maff.go.jp/kankyo/kihonhousin/gaiyo.pdf
10) http://www1.ecoinfo-miyagi.jp/dsweb/Get/Document-864/agriculture.html#title01
11) http://www.env.go.jp/nature/ramsar/conv/1.html
12) http://urano.ocnk.net/product/550
13) http://www.pref.miyagi.jp/muradukuri/gt_date/event/index4.htm

参考文献

14) http://www.maff.go.jp/biomass/
15) http://www.enecho.meti.go.jp/energy/newenergy/newene05.htm
16) http://www.jora.jp/txt/katsudo/pdf/biomass_n.pdf
17) 宮城県：みやぎバイオマス利活用マスタープラン，宮城県経済産業部 (2004)
18) 矢野歳和：バイオマス 地域で有効利用 宮城県の可能性を探る，日本食料新聞，2007年1月31日，第6面．
19) 井原一高，矢野歳和，梅津一孝，金村聖志，渡辺恒雄：電解酸化法を利用したメタン発酵消化液処理の高効率化，第40回日本水環境学会年会講演集，p.489，日本水環境学会 (2006)
20) 矢野歳和，井原一高，梅津一孝，渡辺恒雄：メタン発酵消化液処理の環境負荷評価，第1回日本LCA学会研究発表会講演要旨集，pp.208-209，日本LCA学会 (2005)
21) 矢野歳和，千葉克己：休耕田活用とエネルギー利用，第22回エネルギーシステム・経済・環境コンファレンス講演論文集，No.1，pp.361-362，エネルギー・資源学会 (2006)
22) http://www.biomass-hq.jp/biomasstown/pdf9/kawasaki.pdf

（矢野歳和）

9. 中山間地域等の維持・活性化と多面的農業の役割
― 高齢化の進む中での地域農業組織のあり方を中心に ―

9.1 はじめに

　日本における中山間地域は，国土の約69％をカバーするのみならず，農業においても耕地面積の約42％，総農家数の約43％，農業産出額の約38％，農業集落数の約50％を占めるなど（注1），農業部門においても重要な位置にある．しかしながらこの中山間地域は，農村の中でも高齢化が一段と進み，これを主因とする耕作放棄地の拡大が問題となっており，さらに，いわゆる「限界集落」が発生するなど（注2），その存続すら危うい地域も出現している．国土保全・地域農業の両面から，中山間地域の維持・存続と当該地域産業の持続的再生産を図るための総合的な対策が迫られているゆえんである．

　こうした状況の中，現在地域農業における重要な対策の1つとして，「認定農業者」と「要件を満たす集落営農等」に担い手としての施策の重点化・集中化を図ろうとする「品目横断的経営安定対策」が始まろうとしており，政策的な当否が注目されている．しかしこの政策は，政策支援の対象となる「担い手」要件のハードルが高く，また選別的な要素も強いことから，果たして中山間地域等で有効な対策になりうるかどうか，議論が分かれている（注3）．いずれにしても，「集落営農」が担い手として認められたことを踏まえ，中山間地域においては「集落営農」によって地域と地域農業を「防衛」するため，組織化の取組みがより重要な課題となることは明らかであろう．このような中，大きくクローズアップされるのは，「誰が，どのように，どのような集落営農など地域

農業組織を組織し，どのように維持していくか」という，「ひと」と「組織」の両面に跨(またが)る問題である．

本章では，中山間地域をはじめとする農村部において，地域農業と地域社会の維持・存続のために，高齢化の進む中で「ひと」＝担い手をいかに位置づけ生かしていくべきか，そのために適切な「組織」とはいかなるものであるかを考察していくこととする．

9.2　高齢化が進む農村地域で求められる「ひと」の活用と「組織」

9.2.1　地域農業の担い手の問題

まず「ひと」＝担い手の問題であるが，この点については，上述の高齢化の問題が大きく関わってくる．統計では，65歳以上の層を「高齢者」といい，全人口に占める高齢者の割合（高齢化率）が7％を越えた状態を「高齢化社会」，14％を超えた社会の状態を「高齢社会」というが，2006年現在ですでに全国の高齢化率は20.8％に達しており（注4），かつ，少子化とも相まって，日本は今後とも急速に高齢化が進むとみられる「高齢社会」先進国となっている．とりわけ農村部では，「全国平均より高齢化が20年先行している」といわれる状態にあり，2000年現在で農家世帯では28.9％，農業就業人口では過半数の58.9％に達するほか，農業部門別でみても，露地野菜・施設野菜・果樹類など多くの作目で，約5～6割を60歳以上が占めており，もはや農業は「高齢産業」ともいうべき実態にある．この傾向は中山間地域でより顕著であることはいうまでもない．すなわち，単に構造政策的に高齢者のリタイアを促進し担い手から排除するだけでは，とりわけ中山間地域等では農業の担い手そのものが全く不在ということになりかねない．

著者は，かねてより，こうした地域農業の高齢化はネガティブに捉えるべきではなく，むしろこのような「元気な高齢者」を担い手として活用すべきこと，その文脈から定年退職後に就農する「定年帰農者」の存

在とその増加に着目すべきことを論じてきた (注5). その実態をみると, まず, 新しく農業を始めた「新規就農」では, 2003 年における農業への新規就農者約 8 万人のうち, 新規学卒就農者はわずか 2,200 人である一方, 50 歳代以上や高齢の離職就農者（定年帰農者）が多くなっており, 50～59 歳が 17,000 人 (21.3%), 60～64 歳が 20,500 人 (25.6%), 65 歳以上が 21,900 人 (27.3%) と, 60 歳以上が過半数を占めている現状にある (注6). ここに, 新規就農者の多くが定年後の時期に就農している傾向が確認できるのである. さらに, 1990 年から 2005 年の 15 年間における農業就業人口（農家世帯員のうち「自営農業が主である状態」の世帯員）数の 5 歳区分別の推移をみたところ, 1990 年時点で 45～49 歳だった層は, 50 歳代まで増減はほとんどなく推移した後, 60 歳代になって増加していること, また同じく 50～54 歳だった層は, 同じく 60～64 歳代でその数を伸ばし, 65～69 歳代でも微増になるなど,「定年後の 60 歳代に農業にシフトする農家世帯員」の動向と就農ニーズが確認できる（図 9.1）. そして, こうした傾向はより詳細な分析によっても確認されている (注7).

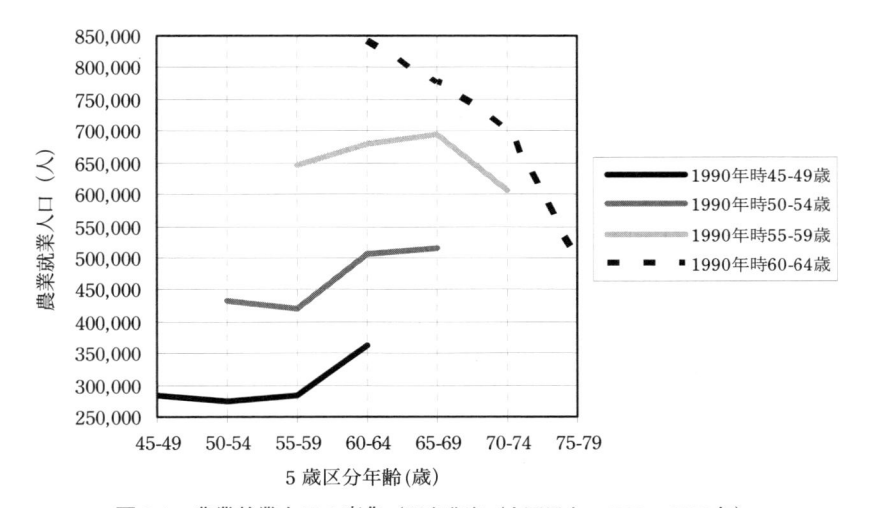

図 9.1 農業就業人口の変化（販売農家／全国男女：1990～2005 年）

その反面，1990年時点ですでに60～64歳代であった層は一貫してその数を減じており，かつ70歳代後半になってその減り方が加速度的になっていること，同じく55～59歳代であった層も増加した後，70～74歳代になってからその数を減じていることなどから，農業就業人口全体の人口は，1990年の約481万9,000人から2005年には約333万8,000人と3割以上の減少となっている．このような担い手全体の減少傾向の中で地域農業を支えるには，引き続き増加傾向にある50～60歳代の定年帰農者のニーズに応え，彼らがスムーズに中心的な担い手に移行できるような対策が必要である．

9.2.2 定年帰農の実態と課題

こうした中，2007年から始まる「団塊世代」の就業からのリタイアといういわゆる「2007年問題」が，全産業ベースでの「担い手」に関連することから，リタイア後の再就職など就業動向には多方面から関心が高まっている．特に地域農業では，今後，「団塊の世代」のリタイアが就農構造を変化させることも考えられることから，定年帰農者の動向とその内実の把握は重要な課題となっている．

では，この定年帰農の実態はどのようなものであるのか．一般に定年帰農は，都市住民が農村に移住するようなIターンの事例が注目されているが，埼玉県を中心に詳細なケーススタディとアンケート調査などをもとに分析した結果，定年帰農者の多くは，親が元気なうちは地元企業などで安定的な兼業に従事し，定年退職後に本格的に就農（就農移動）する「安定兼業後型定年帰農」であることが明らかになった(注8)．そして，そのうちの大半は，住居移動を伴わない「定年農業就農者（以下「在宅型定年帰農者」という）」であると考えられる(注9)．一方，山口県の調査を通じて，西日本の中山間地域等では「定年退職後から故郷に帰る"Uターン型定年帰農"が層として存在し，それが再生産されてきたこと」も示された(注10)．この一連の調査から，様々な形態の定年帰農者

が，地域農業における「担い手」として一定の役割を果たしていること，特に，定年帰農者の多様な兼業経験が，集落営農の円滑な組織運営にポジティブな効果となって表れている実態が示されたのである．

しかし同時に，中山間地域で活躍が期待されるUターン型定年帰農者については，従来Uターン者が多かった地域において，将来的に帰村が期待される層でも，今後，少年時代に故郷で農業を体験した層が少なくなることや，配偶者の出身が遠方になっているなど帰村の妨げとなるような変化がみられること（注11）も明らかとなった．すなわち，将来的に定年帰農者を地域の担い手として確保するためには，農協・行政などによる対策と体制整備が，喫緊の課題であることも示されている．

以上のように，地域農業の担い手において，高齢者・定年帰農者を活用することの重要性が示されたが，ではどのように組織的に彼らを受け入れ，活用するのか，すなわち「Uターン者やIターン者を含む定年帰農者が戻ってきやすく，かつ就農しやすいような」組織づくりという第2の検討課題についてはどうであろうか．この点については，高齢者などを中心とする地域農業においても，組織体の持続的な再生産を担保するためには，農協・行政など支援組織による集約的なマネジメントとオープンな組織体の運営，すなわち地域農業マネジメントが重要であることが論証されつつある（注12）．しかし，新たにUターンやIターンの高齢者を受け入れていく地域組織特有の課題については，未だ研究蓄積は多くない（注13）．

改めて，高齢のUターン者・Iターン者の特性を考えると，農村外で多様な経験を経ていること，転居を伴い移住してきていることなどから，これまでの在村の担い手と異なるライフコースとニーズを持つ層であることがわかる．すなわち，彼らを農村が受け入れるだけでなく，農業の担い手としての役割を委ねるという特性を考えると，移住者を快く受け入れるための緩やかな緩衝的な紐帯（つながり）と，就農するためのノウハウ吸収など，より積極性に対応するという2つの要素を持つ「二

重構造性」が求められよう．このように柔軟な「二重構造」性を持つ組織を仮に位置づけると，近年の組織論における「ネットワーク」的な組織運営（注14）を行うことが有効であると考えられる．

各地で集落営農を確立・整備するためにも，在宅型・Uターン型ともに農外での兼業経験を積んだ定年帰農者は重要であり，彼らを受け入れ活躍してもらうための対策の確立が必要である．以下では，著者が関わってきた調査事例を通して，こうした論点に関して検証していきたい．

9.3 集落営農における定年帰農者の事例検討—岡山県総社市—

9.3.1 全戸参加と在宅型定年帰農者による運営

やや以前の調査結果（注15）になるが，定年帰農者，特に在宅型定年帰農者が集落営農に深く関与した事例として，岡山県総社市「三輪地区営農推進組合」の事例をあげよう．

同地区は，総社市郊外の平地農業地域であるが，同組合は三輪地区（下三輪）1集落50戸の農家を基礎として運営されている作業受託型組織である．圃場整備以前，地区の農地は狭隘・錯綜しており農業機械の利用も困難な中，周辺が安定兼業地帯にあって水田の高度利用に結びつく転作作物もなく，早急に基盤整備を行うべきという議論がされた．このため，全地区のうち下三輪地区を中心とする38 haで補助事業による圃場整備を行い，1987年7月，下三輪地区全農家50戸が参加し，大型機械の共同利用や転作の集団栽培に取り組む「三輪地区営農推進組合」が結成された．現在，法人化は検討中とのことであるが，費用の共同負担と利益分配の経理について一元化しており，担い手要件の多くはクリアされている．作業としては，オペレーターが大型機械を使用して，集落内の9割に及ぶ農地で麦と大豆の作業受託の全作業と水稲作作業を行っており，特に転作の集団栽培として取り組んだ麦・大豆は同営農組合の基幹作物として定着しているほか，大豆に関しては，農協との連携

によって有利な販売環境をつくっている．農機具倉庫などを共同で建設するなどコストダウンも図り，設立当初から作業料金を他地区の半額程度に抑えている．

　組合の特徴は，全戸参加による組織運営と，複数の在宅型定年帰農者をリーダーとするオペレーター役員の集団的運営にある．全戸参加については，補助事業導入が契機となっているが，一般に，補助事業導入後それを安定的に運営し，組織＝定年帰農者の活動の場を維持しうるためには，組合員の意見調整や行政・農協との連携など，地域のトータルなマネジメントの確立が重要な要素となる．このような環境は，組織での勤務経験を持つ定年帰農者の活躍の場としてうってつけといえる．実際に，組織化をリードし長年にわたって組織を安定的に運営してきたのは，組合長以下の在宅型定年帰農者であり，オペレーター・補助作業者層を含めて，全てを在宅型定年帰農者や，定年を間近に控えた層が担っている．こうしたリーダー層が，組織化に向けた取りまとめ，ならびに行政，農協との折衝，オペレーターの選定と合意形成などを行ったのである．基盤整備当初は，「補助事業導入を契機にした機械の共同利用」という意識に留まっていたというが，リーダー層が原価計算を始め実証的な議論をリードし，時にはリーダー層が自ら大型機械を借りて有利性を実演するなどの地道な作業を積み重ね，集落の合意形成と組織の立ち上げに至った．

9.3.2　職歴をフルに活用した組織運営

　運営の体系をみると，調査時点まで組織運営に関しては大きな変更はされておらず，総会で選出された役員11名が，作業受託，転作の集団栽培の事業推進など全般にわたり従事する体制となっている．これらの役員は全員が定年帰農者で，その職歴をフルに活用し，それぞれの持ち場で役割を発揮している．すなわち，ある役員は建設業の経験を活かして農業機械倉庫の自作などに活躍し，また別の普及所OBの役員は，農

業技術面での情報に精通して普及所との調整役を買って出ているほか，元公務員の役員は会計管理や補助事業情報に通じるというように，兼業経験が集団的な組織運営に反映している．

こうした多元的な役割発揮が，全戸参加という組織形態でありながら，適正な組織運営による構成員の満足感を醸成していると考えられる．ここまで多彩な経験者の揃う組織は多くないかもしれないが，安定兼業地帯における集落営農の組織化に当たっては，多様な人材確保が重要であるとともに，同時にその条件・基盤があることを示唆しているといえよう．担い手面では，地区周辺では，60歳で会社などを定年になっても4〜5年程度は嘱託などで勤務に就く例が多いことから，その間は作業補助者として作業と組織の下支えなど就農準備を行い，65歳を過ぎてから本格的に就農するというパターンができつつある．こうした「定年退職後兼業従事」のオペレーターの1人は，全役員のうち出役日数が最も多い「中心的な担い手」であるほか，年間30日以上出役する者の平均年齢は約70歳と，「元気な高齢者」が地域の農業を支えていることがわかる．

このような集落営農の確立により，水田利用の安定化を図るばかりでなく，一部農家では，オペレーター委託で余った労働力を施設園芸や花き・露地野菜などに集約化し，付加価値生産により収益性を高める個別経営も現れるなど，定年帰農者を中心的な担い手とした地域農業の展開にもつながっている．こうした定年帰農者の特性をまとめたのが図9.2である．

また，この集落営農によって，今後とも兼業従事者がその経験を生かし定年退職後に就農する方途が開かれていることは，今日の土地利用型農業における担い手確保の制約条件を考えれば，非常に重要な要素である．集落営農の確立のために，兼業経験者＝在宅型定年帰農者の活用を明確に位置づける必要性と，それを支える組織連携の重要性が改めて示されたものと考えられる．

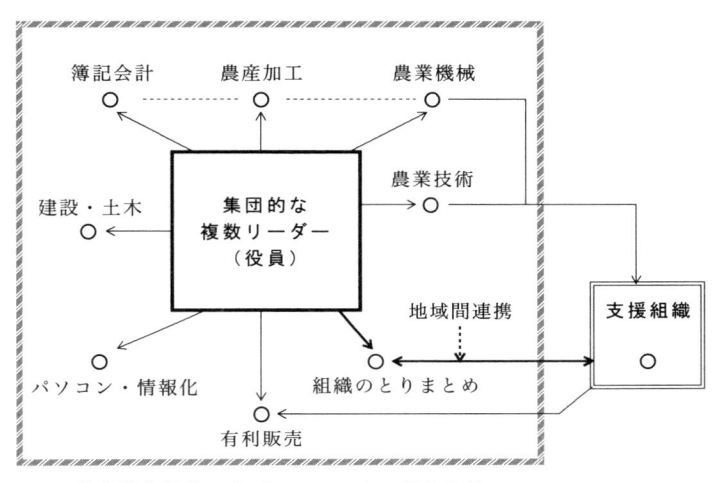

図 9.2 多様な定年帰農者の役割発揮（模式図）
資料：高橋巌『高齢者と地域農業』p.231，家の光協会（2002）

9.4 中山間地域におけるUターン型定年帰農者の事例検討
　　―山口県周防大島町―

9.4.1 定年帰農者組織「トンボの会」

　一方，中山間地域においてはやや事情が異なる．すなわち，在宅兼業の条件が厳しい地域では，定年間際の層も含めて故郷から他出した者が多く，すでに「高齢者のみの村」になってしまっているところが多いからである．いうまでもなく，こうした地域では，定年の迫った他出者に「ふるさと」の良さを再認識してもらい，老後はUターンにより故郷に帰り農業をしてもらうようなアピールとともに，帰農・帰村を促す体制づくりが必要になる．同時に，団塊の世代の退職を踏まえ，より広くIターンも含めた広範な層も受け入れ，地域農業と諸活動の担い手を確保していく必要がある．
　こうした環境にある山口県周防大島町は（注16），周防大島全域を行政

地区とするが，2004年10月の合併まで4町あり，このうち旧東和町は「日本一高齢化率の高い行政地区」として著名であった．また周防大島は，歴史的にもハワイ移民など他出者が多かったが，同時にこうした他出者の「Uターン」も多く，特に旧大島町沖浦地区では，全国的にもほとんど例がない定年帰農者組織「トンボの会」が活動を続けている．地域農業の実態をみると，かつてのかんしょ（サツマイモ）・養蚕から，高度経済成長期にはかんきつ類への転換が行われ，島内ほとんどの田畑がミカンなどかんきつの樹園地に変わった．ミカンは，現在でも地域の基幹的な作目となっているが，すでに50歳未満層が農家人口にほとんどいないという中で，特に1980年代以降，高糖度系への品種転換の対応に後れを取り，1987年におけるミカン価格の大暴落もあり，この地区のミカン作は厳しい環境に置かれてきた．このような中で，農協（旧沖浦農協）が担い手として着目したのが，「Uターン型定年帰農者」であった．当時すでに「昭和1ケタ」世代が定年帰村する例が増えていたが，旧大島町においては，この世代は年金制度が整備された職に就いていた者が多く，受給する年金も，厚生年金など安定的な年金を受給する層が多かった．このことは，零細経営が多く，本来であれば品種転換に伴う無収入期間を耐えることが難しい中で，その役割を期待できることを意味した．さらに，この地区の帰村者の多くは，大手・中堅企業から教員・公務員などの退職者が多数を占めており，様々な業務経験に基づく知識やマネジメント能力に長けていたために，農協も，こうした層が今後の地域農業の中心的担い手となるメリットを感じていた．無論，農協としては，新たな帰村者に農協事業を利用してもらえるという動機もあったが，このためには，帰村者をバックアップする具体策と組織を確立し，「新組合員」から信頼を得ることが重要になったのである．こうしたことから，組織化の「仕掛人」として部長ら2名が粘り強く説得を行うなど，農協が積極的に支援を行う中で作られていったのが，定年帰農者組織「トンボの会」である．

「トンボの会」は，農水省・農産園芸局長賞を受賞しマスコミでも多く取り上げられてきた組織である．同会は，1988年に会員約60人でスタートしたが，現在の会員数はその約2.3倍の140人まで増加している．会員は，当初は就農した「定年帰農者」としていたが，現在では就農しない「帰村者」も会員として認めており，平均年齢は74歳，最高齢の会員は84歳である．農協から財政支援を年間10万円受けるほかには，補助金などを受けていない．

　当初，農協は，この同会を定年帰農者によるミカン生産組織の受け皿として位置づけ，実際にそのようなアクティブな活動にも取り組んできた．その代表的な取組みとしてあげられるのは，高糖度型品目への転換である．島内の篤農家の視察学習を組織するほか，高齢化が進行する中でのミカン生産のあり方について，会員間で議論や情報交換が積極的になされた．また，低樹高化と樹園地内の園内道・作業道の整備，樹間のスペース確保など，主たる担い手である高齢者において，働きやすい作業改善に向けた取組みが活発化したことは，注目されるものである．特に，フルタイムの農作業に不慣れな者も含む定年帰農者にとって，この活動は就農をスムーズにする潤滑剤ともなった．

9.4.2　会員の相互扶助とネットワークづくり

　しかし同会の特徴は，生産組織でも集荷団体でもない，ネットワーク的組織であるということにある．会全体の活動としては，年1回の「トンボの会の集い」という総会—親睦会と，夏の盆帰省時に新たな帰村・帰農を喚起する機関紙発行などが主たる役割となっている．日常的には，それぞれが自分でミカン生産を行い，農協にミカンを出荷するが，基本的な営農指導は農協・農業改良普及センターなど支援組織や，地区の担当者により担われることになる．その一方で，Uターン型定年帰農者特有の新規参入者としての栽培技術の相談や悩みなどについては，同会会長や各地区の世話人が調整・斡旋したり，会員の相互扶助により情

報などを交換し，それぞれの営農・経営や生活を改善させることにつなげている．同会は限定的な活動ではあるものの，総会には会員のほとんどが出席するなど，強い結束力を誇っており，逆にこの緩やかさが無理のない活動として，多くのUターン者を受け入れるとともに，組織の持続性と定年帰農者のネットワーク＝「紐帯」づくりにつながっていると考えられる．実際にこの同会を基礎として，篤農家と定年帰農者が共同し，ミカンの生産改善や農閑期における自給野菜の直売活動による所得確保を図っている「戸田二十日会」が，また同様に，農閑期所得確保を目指しミニトマトなど施設野菜生産を行っている「日見仲良しクラブ」が組織され，より営農に積極的なアクティブ・コアグループとして活動を開始している．

　以上のこの地区の組織活動をまとめると，① 組織の活動が，定年帰農者・定年帰村者の帰村を促すとともに，② 帰村後の交流と生活や営農情報の交換など，帰村者が暮らしやすく集まりやすくするための"場の提供"という役割を果たしていること，③ 組織形態的には，定年帰農・帰村者を緩やかに束ねる"ネットワーク的な組織"をベースに"アクティブな組織"を内包していることなどが特徴といえる．特に③ については，会全体がアクティブな活動を行ったのでは，これについていけない層は脱落し，ひいては会の維持存続も困難となることも予想される中にあって，こうした組織の柔軟な「二重構造」性は重要な要素と考えられるのである．

9.5　有機農業におけるIターン型定年帰農者の事例検討
　　　—埼玉県小川町—

9.5.1　有機農業の地域展開

　安全で安心できる「食」と自然環境保全に対する社会的な要求が高まる中，2006年12月の通常国会において，「有機農業の推進に関する法

律」が全会一致で可決・成立した (注17). こうした中，今後は有機農業への関心も高まり，Uターン・Iターンの定年帰農者の間でも，有機農業による就農への関心が高まると考えられる．

本節の事例として取り上げた埼玉県比企郡小川町は (注18)，農業地域類型では都市的地域に分類されるが，農業の中心は中間農業地域で，かつ総面積のうち林地が約56％を占めるという山間の環境にある．かつて中心の養蚕がすでに解体的な状況にある中，総農家戸数はこの25年間で半減し，5割以上の農家が自給的農家であるなど，農業生産基盤は厳しい環境にある．こうした中で異彩を放つのが，Iターン者によって有機農業の地域展開が行われていることである．特に1989年以降，1年に1人の割合で新規就農者（世帯）が参入して17人にのぼり (注19)，うち10人が有機農業の実践者であること，直近6年間では町内の在宅型定年帰農者1人を除いた全員が有機農業者で，かつ，その全員が町外非農家の移住者であることは特筆される．これは県全体を見渡しても例を見ないものであるが，さらに，認定農業者34人中有機農家が5人いること，複数の地区でIターン者を含む有機農業者がオペレーターとなり，有機農業を基礎としたブロックローテーションが行われていることなどを勘案すると，これらIターンの有機農業者が「都市住民の気まぐれ」ではなく，地域農業の担い手として定着していることが確認される．これには，生産基盤の弱体化や担い手不在などで新規就農の際のハードルが低かったという背景はあるが，有機農業の活発な組織活動がそのベースにあることは見逃せない．

9.5.2 多元的な農産物販売を支える組織活動

その組織は，「小川町有機農業生産グループ（以下「グループ」という）」である．グループは，初代会長で1970年代初頭から有機農業に取り組み，小川町有機農業の始祖ともいうべきA氏と，その元研修生である現会長のB氏らによって設立されたもので，町内の有機農業実践

者のほぼ全世帯にあたる 23 世帯（人）により構成され，すでに 1995 年の設立後 11 年が経過している．設立の基本的な目的は，有機農業を担う会員相互の情報交換と，グループによる直売所（週1回開店）の設置・運営であり，年次総会のほか日常的に情報交換をしているが，組織の基本活動は販売・経営を各世帯が自由に行うものであり，組織運営形態は緩やかな連携を基礎としている．このため，会員には自給生産・田舎暮らし指向から，年間の農産物粗収益が 500 万円を超える者まで多様性がある．農産物販売方法も多元的であり，大消費地に近いこともあって従来は自ら販路を開拓した産消提携（ボックス野菜による個別産直）が中心だったが，近年では，直売所を通じた販売のほか，B 氏ら一部会員による「販売部」を通じた販売の割合が高まっている．自然環境保全への関心の高い会員が多く，バイオガスプラントによる地域資源循環活動の NPO（注20）にも積極関与している．

　この販売部は，3 年前から会員有志により都市部の自然食品店での販売を行うもので，市場環境の変化で従来は販売の中心だった産消提携が伸び悩む中，年間販売額は約 3,000 万円を超え，近年就農した I ターン者にとって貴重な所得確保の場となっており，比較的若年で移住・就農した「子育て世代」が中心となって活動している．JAS 有機認証は取得していないが，店頭では完全無農薬・無化学肥料をアピールし，少量多品種と新鮮を基礎とした「小川ブランド」を確立している．この販売部で扱う農産物は，自然食品店の店頭に並ぶだけに，産消提携のように「安全だから見かけの悪い野菜でもよい」わけにはいかないことから，出荷のための規格を厳しく定めているほか，現在では埼玉県・東松山農林振興センター普及部の技術支援協力を受け，天敵導入などの実証試験と技術改善のための勉強会が継続されている．県の普及部が本格的に有機農業の技術支援を行っている例は，全国的にも事例が少なく貴重な取組みといえる．

9.5.3 有機農業と定年帰農者

グループの会員であるIターン型定年帰農者のC・D氏は，ともに同じ農協系統組織に勤務していたが，在職時に農協系統としての有機農業支援事業に関わった先輩のC氏が，自ら有機農業を実践したいと考え，A氏ら会員宅での研修を経て，1999年に小川町で移住・定年帰農していた．やはり就農意向のあったD氏もこれに学び，早期退職して2003年に就農した．C氏は農家の次男，D氏は非農家出身，と出身の違いはあるが，ともに「農業への憧れ」から農協系統組織に就職した経緯もあり，定年帰農の選択は必然であったようである．C氏は「身体によく，子供の頃の自分の家の農業と同じやり方」の農法の模索から，またD氏は「無理のない就農と農村での生活への関心」から，小川町で少量多品種の有機農業を実践することとなった．なおC氏は，上述のNPOにも関わりながら，地域の子供たちに対する里山保全活動ボランティアやゴルフ場問題などの環境問題への取組みにも力点を置いている．若年層と比較して，年金をベースとした「田舎暮らし」をマイペース型で実践しているが，「年金＋α」の所得を得るため，販売部を貴重な場として活用している．両者とも「歳を取ってまで農薬を浴びるような農業はしたくない」ので「やるなら有機農業をと思っていた」としており，ここに定年帰農と有機農業とが親和性を持つことも示されている．これらのIターン型定年帰農者は，会員の斡旋と紹介で移住・就農しているが，集落の会合への出席や役回りを積極的に引き受けるなど，集落住民の理解を得て，農地の借り入れと経営規模の拡大を実現している．

現在の小川町は，有機農業とバイオガス利用による全町的な地域資源循環で著名になった地域であるが，これは，以上のように地道な組織活動を基盤とする地域展開を通じて，定年帰農者などの新規就農者を拡大してきた取組みの成果である．同時に，そこでは活動の中心となる組織が，緩やかなつながりのグループを基礎として，その一方で販売部というアクティブなグループを内包するという柔軟性・多様性を持つネット

ワークによって持続可能性を担保してきたのである．これは，前節の「トンボの会」とも共通するネットワーク性であって，特にIターン者を受け入れるにあたって，有機農業に限らず，このような組織の存在が重要であることが理解できる．今後，こうした組織特性は同種の地域で一般化しうる要素があると考えられる．

9.6 ま と め

　以上により，今後の中山間地域等における地域農業は，集落営農の運営のためにも定年帰農者とその活用が求められること，またライフコースやニーズの多様なUターン・Iターン者を受け入れ地域農業を維持することが重要な課題であり，そのためには，地域農業組織のあり方の基本として，緩やかな紐帯とアクティブなグループとの二重構造性を持った組織づくりと運営が必要になると考えられる．「トンボの会」の事例分析をベースに，こうした組織のあり方をまとめると図9.3のようになる．

　各地域で，それぞれの特性を勘案しながら，Uターン者やIターン者，定年帰農者などを広く受け入れ活躍のステージをつくるためには，様々な経歴を持つ地域の人々が共同する場を形成することが求められる．組織のあり方は多様となろうが，本章における組織モデルは，高齢化の進む中山間地域における多面的農業の維持と再生産に資するものであり，その具体化のために参考になる事例と考えられる．今後，より地域特性の異なる事例調査を踏まえ，さらに調査研究を進めていきたい．

　　※本稿は，拙論「地域農業における定年帰農対策の重要性―各地の事例を踏まえて―」（『月刊JA』2007年1月号）をベースに，新たな視点と事例分析を加え，大幅に加筆修正したものである．

9.6 まとめ

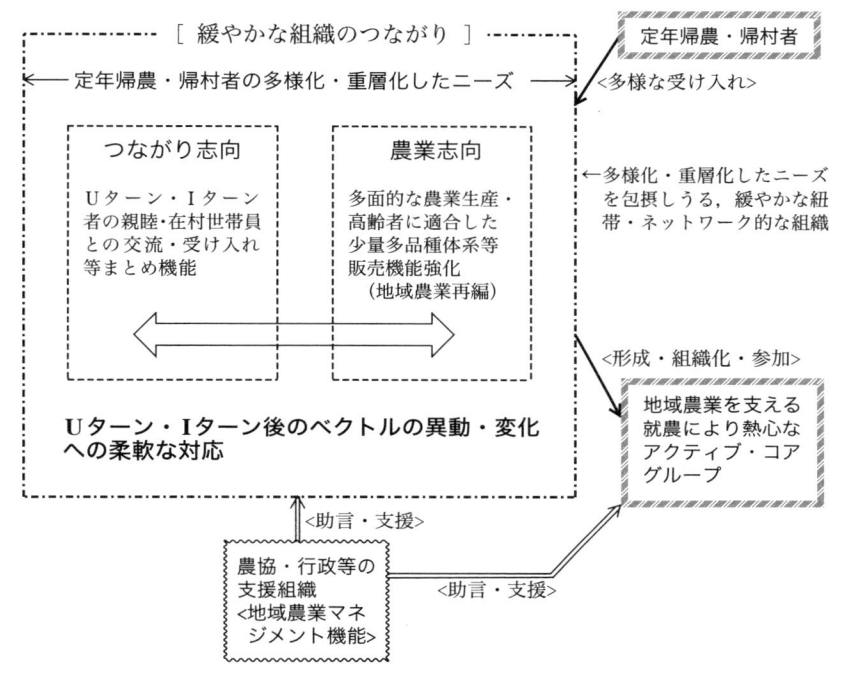

図 9.3 今後 U ターン・I ターンなどを安定させる地域農業（高齢者）組織と
地域農業のあり方（模式図）

資料：農協共済総合研究所・田畑保編『農に還るひとたち―定年帰農者とその支援組織―』
p.296，農林統計協会（2005）に加筆．

[注]

1. 農水省『農林業センサス』ほか資料による．http://www.maff.go.jp/soshiki/kambou/joutai/onepoint/public/chu_1.htm
2. 大野晃の定義によるもので，過疎化などで集落人口の 50％が 65 歳以上の高齢者になるとともに，独居高齢者世帯が増加し，冠婚葬祭など社会的共同生活の維持が困難になった集落のことを指す．大野晃『山村環境社会学序説』農山漁村文化協会，pp. 22-23（2005）
3. 例えば，田代洋一「経営安定所得対策等の政策評価」『農業と経済』3 月号，pp. 17-23（2006）
4. 総務省統計局データによる．http://www.stat.go.jp/data/jinsui/tsuki/index.htm

5. この論点についての全体的な理解は，高橋巌『高齢者と地域農業』家の光協会（2002）を参照のこと．
6. 農水省『農林業センサス』『農業構造動態調査』『2006年版食料・農業・農村白書参考統計表』
7. 1990～1995年の就農移動に関しては，高橋，前掲書，pp.33-53を参照のこと．また，その後のデータ分析は，澤田守「高齢者営農の地域性と大島町の農業労働力の特徴」農協共済総合研究所・田畑保編『農に還るひとたち―定年帰農者とその支援組織―』農林統計協会，pp.51-75（2005）
8. 高橋，前掲書，pp.205-287．
9. 澤田守ほかの定義では「定年就農者」というが，ここでは「在宅型定年帰農者」と表現する．ただし，職業間の移動（就農移動）の統計は農林業センサスに存在するが，就農の際に転居したかどうか（在宅型かUターン型か）までの全国的な統計はなく，細かい峻別は困難である．ここでは，著者の現地調査から，埼玉県の場合通勤圏が広く，実態として在宅による兼業が多いという実勢を踏まえ，文中のように判断した．高橋，前掲書，pp.245-287．
10. 農協共済総合研究所・田畑保編，前掲書，各章を参照，pp.3-298．
11. 高橋巌・濱田健司「山口県大島町A集落における定年帰農―集落悉皆調査による―」農協共済総合研究所・田畑保編，前掲書，pp.190-195（2005），高橋巌「山口県大島町における定年帰農者組織「トンボの会」会員の意識と動向―アンケート調査による―」同書，pp.197-249（2005）
12. 高橋，前掲書，pp.289-294．
13. 最近における地域農業組織に関する組織論的な研究のうち，農業者クラブのUターン者などに焦点を当てた貴重な分析として，伊庭治彦『地域農業組織の新たな展開と組織管理』農林統計協会，pp.145-166（2005）があげられる．
14. "ネットワーク"に関する分析としては，今井賢一・金子郁容『ネットワーク組織論』岩波書店（1988），また最近の非営利組織を含めた組織論的分析は，朴容寛『ネットワーク組織論』ミネルヴァ書房（2003）（同名異書）．朴によれば，ヒエラルキー組織に対する「ネットワーク組織の諸性格」として，「中枢性格」の中に「自律性」「目的・価値の共有・共感」「分権性」の要素があること，また「周辺性格」の中に「オープン性」「メンバーの重複性」「余裕・冗長性」といった要素があることをあげているが，本稿の事例で取り上げる組織はいずれもそれに該当する．朴，同書，p.19．
15. 2000年の現地調査による．データは当時のもの．詳細な分析は，高橋，前掲書，pp.225-241．

16. 詳細な分析は，農協共済総合研究所・田畑保編，前掲書，各章を参照，pp.3-298.
17. 2006年12月8日に成立し，同15日に施行された．『日本農業新聞』2006年12月9日号．
18. 詳細な分析は，髙橋巌「有機農業の地域展開とその課題—埼玉県小川町の取組み事例を中心として—」『食品経済研究』第35号，pp.90-118（2007）
19. 2006年10月の小川町役場現地ヒアリング，『農林業センサス』，小川町農業委員会資料などによる．
20. この団体は「特定非営利活動法人 小川町風土活用センター（NPOふうど）」という組織である．詳しくは，http://www.foodo.org/

(髙橋　巌)

10. 世界農業への貢献

10.1 貧困緩和と経済開発

　21世紀に入ってもなお，世界には1日に1ドル以下の所得しか得られない貧困者が多く存在する．表10.1は開発途上国と市場経済移行国の貧困の推計と予測値を表したものである．1999年においては2つのグループを合わせると12億人の貧困者が存在している．この割合はこのグループ内では総人口の23％にものぼる．2015年には7億5,000万人で，その割合は12％と貧困者は絶対数においても割合においても減少すると予測されている．しかし，地域的にはサハラ以南のアフリカでは絶対数で増加が4,500万人と，楽観できない状況といえる．

　1990年代に行われたサミットや国連の会議における議論をもとにして，貧困の削減，保健・教育の改善，環境保護に関する達成目標として「国際開発目標（International Development Goals）」が国連，経済協力開発機

表10.1 世界銀行による貧困の推計と予測

地域・国グループ＼年	貧困人口（100万人）			対総人口割合（％）		
	1990	1999	2015	1990	1999	2015
開発途上国	1,269	1,134	749	32.0	24.6	13.2
サハラ以南アフリカ	242	300	345	47.7	46.7	39.3
近東・北アフリカ	6	7	6	2.4	2.3	1.5
ラテンアメリカ及びカリブ海	74	77	60	16.8	15.1	9.7
南アジア	495	490	279	44.0	36.9	16.7
東アジア	452	260	59	27.6	14.2	2.8
市場経済移行国	7	17	4	1.6	3.6	0.8
合　計	1,276	1,151	753	29.0	22.7	12.3

資料：FAO『FAO世界農業予測：2015-2030年　後編：世界の農業と社会発展』国際食糧農業協会（FAO協会），2003より作成．

構（OECD），国際通貨基金（IMF），世界銀行によって策定された．2000年9月の国連総会において，目標が拡充され，149か国の国家元首の支持を得てミレニアム開発目標（MDGs：Millennium Development Goals）として採択された（注1）．

そのミレニアム開発目標の1つとして，「極度の貧困と飢餓の撲滅」があげられている．これは，具体的には「1日1ドル未満で暮らす人口比率を半減する」と「飢餓に苦しむ人口比率を半減する」というものである．

ジェフリー・サックスによると，貧しい国が貧困の罠から脱出する最も重要な決定要因は食料の生産性だという（注2）．すなわち，1ha当たりの収穫量が多く，また肥料の消費量も多い国は，貧しくても経済成長に成功する可能性が高いという．また，1980年から2000年の間に経済を悪化させた国が多いが，1980年に穀物の収穫量が多かった国ほど，経済成長率も高いことを指摘している．貧困は主に農村地帯に見られる現象であるため，人口は増加する一方で食料生産が横ばいか減少すると，いつまでも貧困から抜け出せないと指摘している．

多くの開発途上国では農業に従事している人は国の就業人口の5割を超え，農業は最も大きな産業である．この人たちは農業から収入を得ているわけであるから，農業開発により農業成長が起こることで途上国の多くの人たちが救われることになる．

1960年代に途上国に改良品種を移転し，農業成長を実現した「緑の革命」について検討する．さらに食糧援助，直接投資について見ていく．

10.2 農業技術の移転

10.2.1 緑の革命

緑の革命とは1943年にメキシコに作られた「国際トウモロコシ・小麦改良センター」で育種された「メキシコこびと小麦」の開発途上国で

の普及に端を発する．このメキシコこびと小麦は，在来種の2倍の収量をあげることができる優れた品種だった．また，1962年にフィリピンに作られた「国際稲研究所」で，台湾の改良品種とインドネシアの在来品種から作られた「IR 8」という稲の品種も「メキシコこびと小麦」とともに途上国での食料増産に大きく貢献した．この「IR 8」のもととなった台湾の稲はもともと日本の「農林十号」という品種から育成されたものであった．

1960年代半ばまでには，途上国では改良品種が普及し生産性が向上した．インドは1965年から1972年にかけて，小麦の生産量を倍増させた．パキスタンやトルコなどの国々も，急テンポで小麦を増産させた(注3)．

小麦の改良品種の普及による生産性の向上は，アジア全域の熱帯や亜熱帯の生育状況に日本の矮性品種稲を適応させる強力なきっかけとなった．栽培技術の面では改良品種の導入とともに，灌漑の拡大，肥料使用の増加，病害虫や雑草の駆除などに頼ってきた．いずれも，作物が持つ遺伝的な潜在能力を最大限に発揮させるためである．

緑の革命は途上国の食料増産を実現した．表10.2は途上国の緑の革命による米収量の上昇を表したものである．これによると，どの国も1.2倍から2.4倍もの収量の増加を実現したことがわかる．また，表10.3は途上国の米の自給率を表したものである．これより，マレーシアを除く国ではほぼ米の自給が達成したことがうかがえる．このような収量の向上によって，多くの国が自国で食料をまかなえるようになった．しかし，緑の革命の途上国の農村社会への影響については意見が分かれている．すなわち，高収量品種が普及した結果，広い土地を持つ農家は大きな収入を得て豊かになる一方で，狭い土地，あるいは土地を持たない農家にとっては緑の革命の恩恵は全く小さなものだった．そのため緑の革命により貧富の格差がさらに大きくなったという点を指摘する者もいる．

表10.2 米収量の上昇

	1961-65 (A)	1986-90 (B)	B/A
フィリピン	1,257	2,779	2.2
インドネシア	1,762	4,301	2.4
マレーシア	2,135	2,710	1.3
タイ	1,623	1,939	1.2
スリランカ	1,915	2,947	1.5
バングラデシュ	1,680	2,681	1.6
インド	1,480	2,624	1.8
ネパール	1,954	2,429	1.2
パキスタン	1,417	2,330	1.6

資料：荏開津典生『「飢餓」と「飽食」』講談社（1994）第3章，表1より作成．

表10.3 米の自給率

	1984-86
バングラデシュ	94.5
インド	106.0
インドネシア	105.9
マレーシア	73.5
パキスタン	134.0
フィリピン	100.1

資料：荏開津典生『「飢餓」と「飽食」』講談社（1994）第3章，表4より作成．

一方で適切な対応策がとられたために，改良品種を採用しなかった人たちも，需要が増加して農産物価格の下落は無かったのだが，それは雇用増加と所得上昇を目的とした投資が行われたからだった．インド政府は積極的な価格支持プログラムも実施し，下限価格を設定した．また，土地を持たない小作農と生産性の高い農家の格差が広がるのではないかという懸念もあったが，現実には農民の状況は大きく改善された．改良品種や灌漑を共同利用して多毛作が行われたことで，農場での雇用増加と賃金の上昇が実現したのである．

改良品種が窮乏化につながるもう1つの可能性は，害虫や病気の発生で作物が壊滅することである．再びインドの例を挙げれば，政府はこれについても慎重に対策を用意し，科学的な支援システムによって予防したのだった (注4)．

10.2.2　農業技術の開発 (注5)

　農業技術移転が必要な理由としては，途上国での研究開発の規模が小さいことが挙げられる．開発途上国ではほとんど全ての研究が，公共機関によって運営されている．稲の新種開発は将来的には魅力的なものになるかもしれないが，現状では見返りが十分ではないからである．1976〜1991年の研究は，中国，アジアの国々，環太平洋地域，北アフリカの国々で急激に拡大したが，サハラ砂漠以南のアフリカ諸国，中南米諸国，カリブ海諸国では，非常にゆっくりとしか拡大していない．

　農作物の育種と農場経営の研究は，地域性や気候特性と関連する傾向がある．熱帯地方で適用されている技術の一部は，温帯地方の国々で開発されたものである．しかし，それは熱帯地方で行われている公的資金による研究開発の28％に過ぎない．また，最貧国の一部の国々では最も生産性が低く，研究開発による技術が必要であるにもかかわらずそれが軽視されている．開発途上国での研究開発は，主に国際機関によって供給された資金によるものだが，1980年代中頃から減少している．代わりに近年においては経済的インフラストラクチャーへの援助が増加する傾向にある．世界銀行の農業部門への貸出しは，1980年代には26％であったが，2000年には10％になったことを考えても，農業部門に対しての援助が相対的にも低下していることがわかる．

　公的機関と私的機関からの資金の割合は，1995年で先進国では210億ドルのうち公的資金は48.5％，私的資金は51.5％である．一方で，開発途上国全体では122億ドルであり，公的資金はそのうちの94％，私的資金はたった6％である．生産性が低く，技術進歩が必要とされている開発途上国の農業成長のためにも，先進国である日本は研究開発の成果である技術を開発途上国に移転することで，開発途上国の人たちに貢献する必要がある．

10.3 食糧援助 (注6)

10.3.1 世界の食糧援助

　開発途上国自身での農業成長を実現するために農業の技術移転などの政策を行っている．しかし，必ずしもその移転がうまくいくとは限らず，多くの人々が慢性的な食料不足の危機に瀕している．また，最近は干ばつや洪水などの自然災害により局地的に食糧不足に陥る例も多く見られるようになった．そのような人々を救う方法が，食糧援助である．

　食糧援助は，世界貿易機関 (WTO)，国連食糧農業機関 (FAO)，国連世界食糧計画 (WFP) といった国際的な機関と，食糧援助条約などの協定により推進されている．食糧援助は非政府組織を通して管理されることもある．また，二国間援助として，ある国から他の国へ直接行われることもある．

　近年の食糧援助の目的と役割としては以下のようなものがある (注7)．

1. 緊急援助

　自然災害，旱ばつや病虫害の発生による凶作，戦争や内乱などに起因する食糧の欠乏に対するもの，無償の援助

2. プログラム援助

　平常年において食糧の不足する開発途上国に対する贈与または信用による食糧供与

3. プロジェクト援助

　主として農村開発プロジェクトの一部として行われる食糧援助，初等教育の普及プロジェクト，母子ヘルスケア・センターの開発プロジェクトなどに関連した食糧供与，農村の道路開発や水利建設などの事業に雇用される人々への食糧供与

　近年では二国間の援助も多くなってきているが，国際的な援助を行う

機関として世界食糧計画(WFP：World Food Program)がある．WFPは，食糧配給を通じて開発途上国の経済社会開発及び緊急食糧援助などを実施しており，特に開発分野においては農業インフラ整備や学校給食を通じた人的資源開発などを，緊急援助分野においては，干ばつ・洪水などの自然災害や紛争・内戦などによる難民・被災民などに対する食糧支援を実施している．すなわちWFPは，(1) 緊急食糧援助，(2) 中期救済復興援助，(3) 開発事業(農村，人的資源開発)において主として食糧を通じて援助を実施している．

発足以来，WFPの活動の中心は開発援助であったが，近年，難民・被災民などへの緊急食糧援助(中期救済復興援助を含む)が増加し，1990年以前にはWFP活動の中で平均約3割にすぎなかった緊急食糧援助活動が2003年には全体の約6割に至っている．2004年のWFPの活動規模は約31億ドルであり，約510万tの食糧を世界80か国，約1億1,300万人に援助している．

10.3.2 日本による食糧援助

日本は，開発途上国の食糧不足の問題を緩和させるため，1968年度より一貫して食糧援助規約に基づき食糧援助を実施している．開発途上国からの援助要請を受け，食糧不足状況や経済社会情勢，外貨事情などを考慮し，被援助国が穀物を購入するための資金を供与する方式により食糧援助を行っている．また，自然災害や紛争により局所的に発生した食糧不足に対処

表10.4 WFPへの主要拠出国一覧
(2004年，百万ドル)

順位	国　名	拠出額
1	米国	1,032
2	EC	201
3	日本	136
4	英国	116
5	カナダ	91
6	オランダ	78
7	ドイツ	65
8	ノルウェー	55
9	イタリア	48
10	スウェーデン	45
総額		1,867

資料：政府開発援助(ODA)ホームページより作成．

するため，WFP などの国際機関経由で難民などに対して食糧援助を実施している．

　2004 年度の実績は，二国間援助として 19 か国の開発途上国に対し 46 億円（予算ベース），国際機関経由の難民・国内被災民などへの援助として 58 億円，総額 104 億円の援助を行った．また，2004 年度の食糧援助のうち，最大の対象地域はアフリカで，合計 71 億円，次いでアジアであり合計 20 億円となっている．その他，パレスチナ難民・被災民，タジキスタン被災民，グルジア被災民，ハイチ被災民に対して国際機関経由の援助（14 億円）を実施した．

10.4　直　接　投　資 (注8)

10.4.1　海外直接投資

　農業技術の開発投資や食糧援助はほとんどが政府によるものであった．民間部門による途上国の農業部門への貢献として直接投資があげられる．直接投資は民間部門によるものであるから，そもそも農業技術への開発投資や食糧援助とは目的が異なっている．しかし，近年は開発途上国に対する農業や食品関連の直接投資のスピルオーバーなどによる農業部門への波及効果などが注目されている．

　FAO によると，1989-94 年と 2000 年の間に外国からの直接投資 (FDI) の年間流入額は 2,000 億ドルから 127,000 億ドルへと 6 倍以上に増加した（表 10.5）．特に 1996 年から 1999 年にかけて FDI の伸び率は年平均 41 ％になり，流出の 2 ％を大きく引き離している．先進国は FDI 流入の大部分（80 ％）を吸収していたが，流出についてもほぼ同率であった．年平均で 10 億ドル以上を受け取っている国は，1980 年代中期の 17 か国（うち 6 か国は開発途上国）から 1990 年代末の 51 か国（うち 11 か国は開発途上国）に増加した．流出については 1990 年代末に 33 か国（うち 11 か国は開発途上国）が 10 億ドル以上を投資していたが，これに対

表10.5 FDIの流出入の地域別分布（10億ドル）

国・地域	FDI流入		FDI流出	
	1989/1994	2000	1989/1994	2000
先進国	137.1	10,005.2	203.2	1,046.3
開発途上国	59.6	240.2	24.9	99.5
アフリカ	4.0	8.2	0.9	0.7
ラテンアメリカ・カリブ海	17.5	86.2	3.7	13.4
アジア	37.9	143.8	20.3	85.3
その他	0.2	2.0	0.0	0.1
中・東ヨーロッパ	3.4	25.4	0.1	4.0
世界	200.1	1,270.8	228.3	1,149.9

資料：FAO『FAO世界農業予測：2015-2030年　後編：世界の農業と社会発展』国際食糧農業協会（FAO協会），2003より作成．

して1980年代中期の国数は13か国（開発途上国はわずか1か国）であった．

しかし地域分布をみると，開発途上アジア内ではFDIは地域的に偏りがある．全世界のFDIの半数以上がアジア経済に向かい，アジア内でも東アジア及び南アジアが流入のほとんどすべてを占めている．

今日の世界食料経済を支配している大手多国籍企業の基盤は，先進国における市場集中化の過程に合わせて形成されたものである．食料・農業関連の多国籍企業は農村開発を支援するのか，阻害するのかという問題もある．専門家の一般的見解では，先進国と開発途上国のいずれにあっても，FDIは全体的な経済開発にとって有力な触媒である．最近の数多くの出版物はFDIが開発のために創出できる利点を資料としてまとめている．世界投資報告書の1999年版は，FDIの流入とともに受入れ国に導入された以下の5大利点を確認している．すなわち，資本へのアクセス，技術へのアクセス，市場へのアクセス，技能及び管理技術の向上，環境保護のための支援，である．

農村開発にとってFDIはマイナスの効果が大きいということがよく言われている．すなわち，多国籍企業が途上国の市場を支配し，農村の賃金を低く抑え，不公正や契約によって農家を搾取するという懸念がも

たれている．しかし同時に，FDI以外の生産者を搾取するような国内要因があったことにも留意するべきである．

FAOでは「食料・農業において成功したFDIの若干の経験」として，4つに分類されている．すなわち，製品開発での共同，技術移転と訓練，契約農業の導入，資金援助，についてである．「製品開発での共同」の例では，多国籍企業が現地の研究機関や大学と一緒になって作物や野菜のF_1品種や新しい農機具を開発し，生産性を向上するための製品開発に取り組んでいる例を指摘している．また，「技術移転と訓練」の例では新しいハイブリッド品種などを農家訓練キャンプ経由で農家に移転した例をあげている．

また，「契約農業の導入」は加工業者に供給するための作物を栽培し，予め同意した価格で生産する契約を行うものである．この利点としてさらに，生産性の向上，優良技術の導入，をあげている．

10.4.2　国際的な技術の移転

FAOは緑の革命の重要な教訓として，新品種がその地域の環境に適応できるかどうかが重要であるという点を指摘している（注9）．この教訓によると，今後農業バイオテクノロジーが普及するかどうかは，各国の新品種に関わる知的所有権が重要な役割を果たすかもしれないと述べている．ただ，新品種の導入による生産性向上のみならず，その国が国際市場へのアクセスが可能であり，農家に食料を増産することのインセンティブを与える必要があることも指摘している．技術と生産物に対する国際的な取引の機会が，今後の開発途上国の農業成長に大きな影響を及ぼすとみている．

今後，新しい農業バイオテクノロジーが開発途上国の経済的及び農業生態的環境に適応し得るかどうかは，社会経済及び政策的な環境が決定することになると推測している．緑の革命の経験は，新しい生産性向上の技術だけでは不十分であることを示した．一方で国際市場に対する門

戸開放と国境措置削減だけでは自由貿易の可能性を十分に発揮できることを保障するものではない．貿易と技術の国際間の移動をはいずれも重要であるが，それ以上に重要であるのは，政策と制度である．適切な政策と制度を用いることが，各国が新技術を国内の市場環境に適応させることが可能となるような知識の波及や習得の助けとなる．また，各国が世界の潜在的需要を開発したり，自国の利益のために貿易ルールを採用したりすることを支援することにもなりうる．市場へのアクセスだけではなく，新技術の現地への適応，普及が実現されなければ生産性の向上が実現することはないだろう．

【注】（[　]内の数字は参考文献番号）
1. 世界銀行東京事務所ホームページ [8] を参照した．
2. サックス [5] pp.121-124 を参照した．
3. 以下の記述はブラウン [11] pp.95-99 を参照した．
4. バグワティ [6] pp.95-96 を参照した．
5. 大賀圭治監訳 [4] の pp.40-41 を参照した．
6. この節は荏開津典生 [2] の第7章，政府開発援助（ODA）ホームページ [8]，大賀圭治監訳 [4] の pp.26-27 を参照した．
7. 荏開津 [2] pp.158-160 を参照した．
8. この節は FAO [9] の第10章を参照した．
9. FAO [9] pp.239-243 を参照した．

参 考 文 献

1) 伊藤正二：「技術移転」，ジェトロ・アジア経済研究所　朽木昭文，野上裕生，山形辰史編，テキストブック開発経済学，新版，有斐閣（2004）
2) 荏開津典生：「飢餓」と「飽食」，講談社（1994）
3) 大賀圭治：食料と環境，岩波書店（2004）
4) 大賀圭治監訳：食料の世界地図，丸善（2005）
5) ジェフリー・サックス：貧困の終焉，早川書房（2006）
6) ジャグディシュ・バグワティ：グローバリゼーションを擁護する，日本経済新聞社（2005）

7) 政府開発援助 (ODA) ホームページ (http://www.mofa.go.jp/mofaj/gaiko/oda/index.html)
8) 世界銀行東京事務所ホームページ (http://www.worldbank.or.jp/top.html)
9) FAO：FAO世界農業予測：2015-2030年　後編：世界の農業と社会発展，国際食糧農業協会 (FAO協会) (2003)
10) レスター・ブラウン：食糧破局，ダイヤモンド社 (1996)
11) レスター・ブラウン：フード・セキュリティー，ワールドウォッチジャパン (2005)

〔紺屋直樹〕

11. 農政改革下の地域農業の方向
―農業の高付加価値化は地域価値の向上から―

11.1 農政改革の方向

11.1.1 食料・農業・農村基本法（新基本法）制定の背景と概要

(1) 新基本法の考え方

わが国の農業，農村をめぐる内外情勢の変化，また，何よりも農業・農村内部の構造的変化に対応して，将来にわたって持続可能な農業・農村を構築していく上での理念法として，平成11年7月に「食料・農業・農村基本法」，いわゆる新基本法が制定された．

このような新基本法制定の背景には，昭和36年の農業基本法制定以来のわが国経済の驚異的発展と成熟による食料消費構造の変化，農業従事者の急激な高齢化に見られるわが国農業生産構造の脆弱化—食料供給力の低下，伝統文化・やすらぎを与える自然の宝庫である国民のふるさととしての農山村に対する評価の高まりがあったことは言うまでもない．

(2) 食料・農業・農村基本計画の概要

新基本法の理念の達成のため，向こう5か年にわたっての取り組むべき課題や施策を明らかにしたものが「食料・農業・農村基本計画」である．平成12年3月策定の「食料・農業・農村基本計画」では，食料の安定供給の確保に関して，次のような施策の展開が掲げられている．

① 食料消費に関する施策の充実
② 事業基盤の強化，農業との連携の推進等を通じた食品産業の健全な発展

11. 農政改革下の地域農業の方向

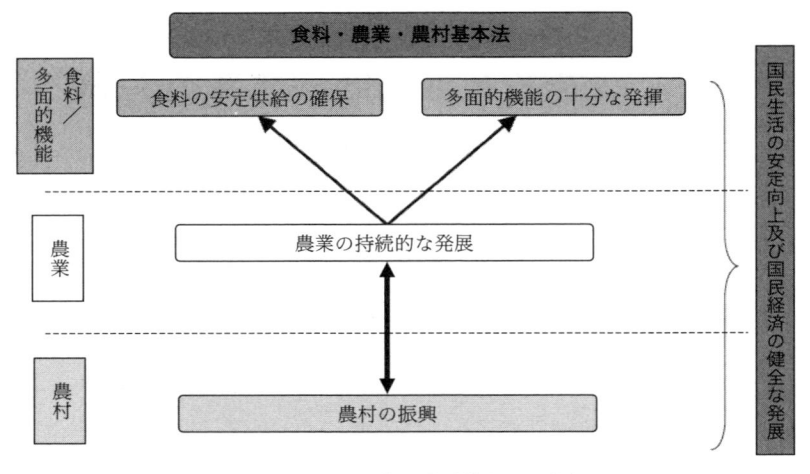

```
                    ┌─────────────────────────┐
                    │   食料・農業・農村基本法   │
                    └─────────────────────────┘
┌──┐  ┌─────────────────┐      ┌─────────────────┐   ┐
│食│  │ 食料の安定供給の確保 │      │ 多面的機能の十分な発揮│   │国
│料│  └─────────────────┘      └─────────────────┘   │民
│/ │         ↖                    ↗                   │生
│多│                                                  │活
│面│                                                  │の
│的│                                                  │安
│機│                                                  │定
│能│                                                  │向
└──┘                                                  │上
- - - - - - - - - - - - - - - - - - - - - - - - - -  │及
┌──┐       ┌─────────────────────────┐              │び
│農│       │     農業の持続的な発展      │              │国
│業│       └─────────────────────────┘              │民
└──┘                ↕                                 │経
                                                      │済
- - - - - - - - - - - - - - - - - - - - - - - - - -  │の
┌──┐       ┌─────────────────────────┐              │健
│農│       │       農村の振興          │              │全
│村│       └─────────────────────────┘              │な
└──┘                                                  │発
                                                      │展
                                                      ┘
```

図 11.1　食料・農業・農村基本法の枠組み

③　農産物の安定的輸入の確保
④　不測時における食料の安全保障
⑤　世界の食料需給の安定に資する国際協力の推進

また，農村の振興にあたって，従来から山村地域を中心に主張されていた，平場と比較した中山間地域の生産条件の不利性を公式に認め，農村の振興に関する施策の中で，「適切な農業生産活動が継続的に行われるよう農業生産条件に関する不利を補正するための支援等の施策の実施」と記述された．

(3)　中山間地域等直接支払いの実施

平成 12 年度から導入された中山間地域等直接支払制度は，新基本法による農政改革を象徴する施策として大きな関心と期待を持って迎えられ，全国の中山間地域に夢と希望を与え，地域の活性化に大きく貢献したといえる．

この施策は，地方分権の推進という大きな枠組みの中での展開となったことから，制度の枠組みは全国基準であったものの，この施策を地域

の維持・発展にどのように活かしていくかについては自治体の裁量に委ねられた．つまり，地域を維持・発展させていく上において，地域農業をどのように位置づけていくかということが，初めて，地域ごとに全国的に試された施策となった．

5年間の支払いを終えた中山間地域等直接支払制度は，平成17年度

表11.1 中山間地域等直接支払制度の概要（平成12～16年度）

対象地域及び対象農用地		①の地域振興立法等の指定地域のうち，②の要件に該当する農用地区域内に存する1 ha以上の一団の農用地
	① 対象地域	特定農山村法，山村振興法，過疎法，半島振興法，離島振興法，沖縄振興開発特別措置法，奄美群島振興開発特別措置法，小笠原諸島振興開発特別措置法の指定地域及び都道府県知事が指定する地域
	② 対象農用地	ア 急傾斜農用地（田1/20以上，畑，草地及び採草放牧地15度以上） イ 自然条件により小区画・不整形な田（大多数が30 a未満で平均20 a以下） ウ 草地比率の高い（70%以上）地域の草地 エ 市町村長が必要と認めた農用地（緩傾斜農用地（田1/100以上1/20未満，畑，草地及び採草放牧地8度以上15度未満），高齢化率・耕作放棄率の高い農地） オ 都道府県知事が定める基準に該当する農用地
対象行為		集落協定又は個別協定に基づき，5年間以上継続して行われる農業生産活動等
対象者		集落協定又は個別協定に基づき，5年間以上継続して農業生産活動等を行う農業者等（第3セクター，生産組織等を含む．）
交付単価		<table><tr><th>地目</th><th>区分</th><th>10 a当たり単価</th></tr><tr><td rowspan="2">田</td><td>1/20以上</td><td>21,000円</td></tr><tr><td>1/100以上1/20未満</td><td>8,000円</td></tr><tr><td rowspan="2">畑</td><td>15度以上</td><td>11,500円</td></tr><tr><td>8度以上15度未満</td><td>3,500円</td></tr><tr><td rowspan="3">草地</td><td>15度以上</td><td>10,500円</td></tr><tr><td>8度以上15度未満</td><td>3,000円</td></tr><tr><td>草地率（70%以上）</td><td>1,500円</td></tr><tr><td rowspan="2">採草放牧地</td><td>15度以上</td><td>1,000円</td></tr><tr><td>8度以上15度未満</td><td>300円</td></tr></table>（注）新規就農の場合や担い手が条件不利な農地を引き受けて規模拡大する場合は田で1,500円，畑・草地で500円上乗せする．

186　　　　　　　　　　　　　11. 農政改革下の地域農業の方向

表11.2 中山間地域等直接支払制度の実績（平成16年度）
平成16年度の交付市町村数，協定締結数等（ブロック別）

ブロック名	集落協定					個別協定					全体			
	交付市町村数	協定締結数	協定参加者数	協定締結面積(ha)	交付金額(百万円)	交付市町村数	協定締結数	協定締結面積(ha)	交付金額(百万円)	交付市町村数	協定締結数	協定締結面積(ha)	交付金額(百万円)
北海道	106	645	20,777	327,653	7,971	—	—	—	—	106	645	327,653	7,971
東　北	256	5,552	99,779	64,245	8,837	73	258	2,177	136.0	256	5,810	66,422	8,973
関　東	260	3,682	80,367	25,324	3,731	37	60	815	24.0	265	3,742	26,139	3,755
北　陸	108	2,354	52,457	27,346	4,933	10	12	54	9.9	108	2,366	27,400	4,943
東　海	66	1,584	32,009	10,726	1,530	11	17	85	13.0	66	1,601	10,812	1,543
近　畿	145	2,620	55,324	25,740	3,699	10	12	22	3.2	147	2,632	25,761	3,703
中国四国	232	9,957	175,964	94,212	13,727	5	184	1,219	90.4	234	10,141	95,431	13,817
九　州	292	6,922	142,113	81,445	10,034	40	93	392	27.1	292	7,015	81,837	10,061
沖　縄	9	15	1,235	3,478	134	2	2	161	5.6	10	17	3,639	139
都府県	1,368	32,686	639,248	332,516	46,626	248	638	4,925	309.1	1,378	33,324	337,440	46,935
全　国	1,474	33,331	660,025	660,168	54,596	248	638	4,925	309.1	1,484	33,969	665,093	54,905

（注）1.　ラウンドの関係で数値が一致しない場合がある．
　　　2.　市町村数は平成16年度末の合併後の数である．

から第2期目のステージに入っている．ここでは1期目の制度の概要と第1期最終年度の平成16年度の実績を取りまとめた．

平成16年度の実績でみると，交付市町村数が全市町村数の47.4％に当たる1,484市町村，協定締結面積が全耕地面積の14.1％に当たる665,093 haとなっており，数値のみを見ても中山間地域の農業者に大きな影響があったことがうかがえる．

11.1.2　新たな食料・農業・農村基本計画の概要
(1)　見直しの背景

基本計画は5年ごとに見直すこととされている．平成17年の見直しは，持続的農業生産構造の構築，とりわけ土地利用型農業，その中でも特に，水田農業の構造改革に本格的に取り組まざるを得ない情勢下での見直しとなったため，農業関係者を中心により大きな注目を集めることとなった．

その取り巻く情勢の変化は次のとおりである．どの項目についても，その変化への対応を大きく誤れば，わが国農業・農村の存続が危機に瀕するという超重量級の項目ばかりである．

　①　食の安全や健全な食生活に対する関心（BSEや不正表示事件の発生）
　②　多様化・高度化するニーズ（食品産業の輸入農産物依存の高まり）
　③　農業の構造改革の立ち遅れ（農業者の減少・高齢化，規模拡大の遅れ）
　④　グローバル化の進展（WTO/EPA交渉，アジア諸国の経済発展）

(2)　新たな食料・農業・農村基本計画の概要

政府は，このようなわが国農業・農村をめぐるかつてない状況の変化を踏まえ，わが国農業・農村の持続性を確立していくための課題と展開すべき施策を取りまとめた新たな基本計画を平成17年3月に明らかにした．

この中の「農業の持続的発展に関する施策」では，

(万人) （全ての階層を10年単純に加齢した場合）

平成12年

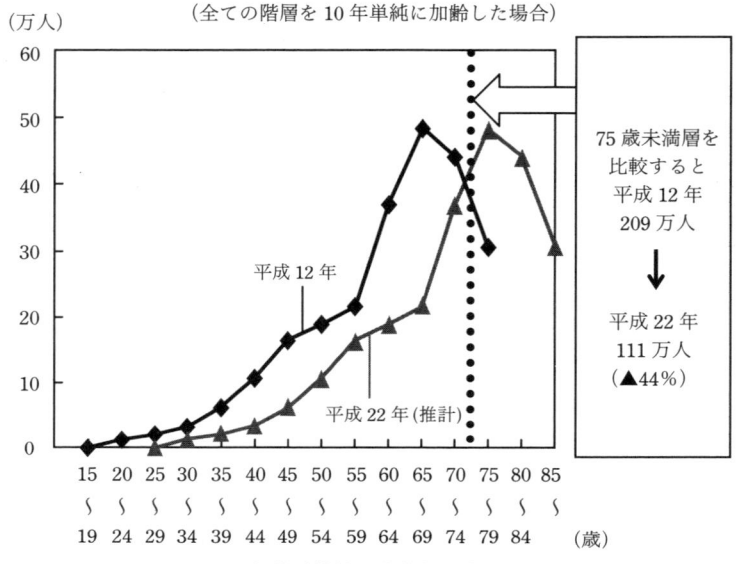

平成22年(推計)

75歳未満層を
比較すると
平成12年
209万人
↓
平成22年
111万人
(▲44%)

図11.2 年齢別基幹的農業従事者数の推移

政策改革のパッケージ

○ 食料供給，国土保全など農業に対する国民の多様な期待に応えるため，プロ農業経営への支援の集中とあわせ，環境や農地・水等の保全のための政策の確立などの施策改革を実行．

これまで　　　これから

全生産者を対象とした支援

プロ農業経営が生産の大宗を占める構造

プロ農業経営

優れた経営の維持・発展
のための支援
(品目横断的・重点的)
(バラマキは×)

担い手・農地制度
の再構築

環境や農地・水等の
保全政策の確立

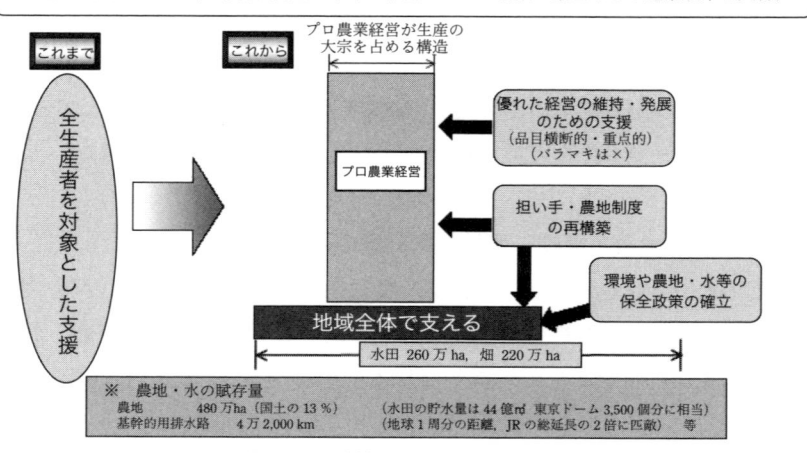

地域全体で支える

水田260万ha，畑220万ha

※ 農地・水の賦存量
　農地　　　480万ha（国土の13％）　（水田の貯水量は44億㎥ 東京ドーム3,500個分に相当）
　基幹的用排水路　4万2,000 km　　（地球1周分の距離，JRの総延長の2倍に匹敵）　等

図11.3 政策改革のパッケージ

11.1 農政改革の方向

国産農水産物の仕向先（平成12年）

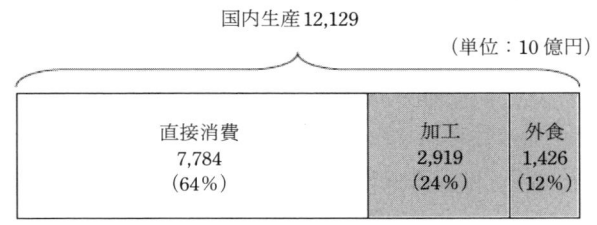

国内生産 12,129

（単位：10億円）

| 直接消費 7,784 （64%） | 加工 2,919 （24%） | 外食 1,426 （12%） |

資料：総務省他9府省庁「産業連関表」から試算．

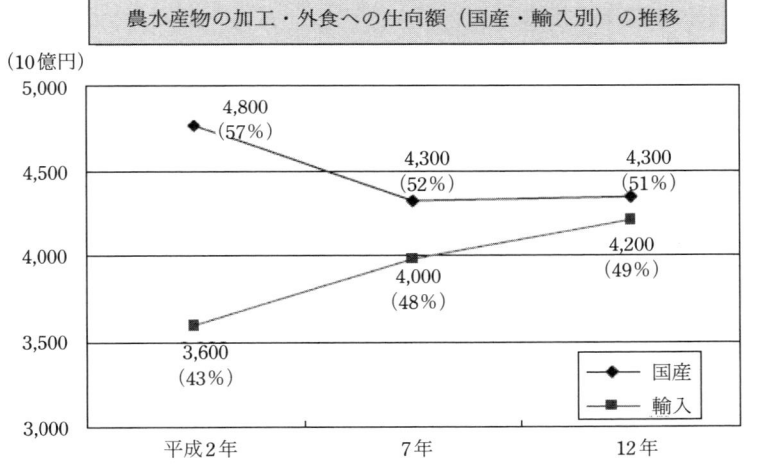

農水産物の加工・外食への仕向額（国産・輸入別）の推移

（10億円）

- 国産：平成2年 4,800（57%）、7年 4,300（52%）、12年 4,300（51%）
- 輸入：平成2年 3,600（43%）、7年 4,000（48%）、12年 4,200（49%）

資料：総務省他9府省庁「産業連関表」から試算．
注）カッコ内はシェア．

図11.4 農林水産物の仕向け先など

① 望ましい農業構造の確立に向けた担い手の育成・確保
② 経営安定対策の確立
③ 多様な経営発展の取組みの推進
④ 農業と食品産業の連携の推進
⑤ 農産物・食品の輸出の促進

が掲げられた．

多様化・変化する食品ニーズ，グローバル化に代表される市場経済の拡大・深化に対応して，わが国農業が存続し，食料の安定供給という国民に対する最も重要な役割を果たしていくためには，消費者・実需者ニーズを踏まえ，市場動向に柔軟に対応できる生産構造の構築が避けて通れない課題となったわけである．これは，あらゆる規模，生産額の農業者を平等に扱う，いわゆる従来の護送船団方式的施策からの決別を宣言したものである．

(3) 米政策改革の推進

米政策改革については，作付面積調整を中心とした米の需給調整政策の行き詰まりから，新たな基本計画の策定に1年先行し，平成16年度から開始された．その目的は，米の需給調整を，普通の作物並みに生産者・生産者団体中心に行う体制を整備することであった．

このため，米の生産調整について，生産面積の配分から生産目標数量の配分への切り替え（いわゆるネガからポジへの変更）を行うともに，地域ごとに，生産構造や土地利用，作物振興に係る目標と行動計画を定めた地域水田農業ビジョンを策定し，その実践を求めることとなった．

この取組みは，需要に応じた米生産を行うことが水田経営に最も有利であるということを前提に進められている．したがって，需要動向（売れ行き，売れ筋）や市場動向（価格，荷動き）にほとんど関心のない，土日兼業農家や生き甲斐型高齢農業者が生産の大宗を占めている限りは，米の円滑な需給調整は実現できないこととなる．この意味で，米政策改革は構造改革にほかならず，市場動向に敏感な経営体，いわゆる担い手の育成・確保と表裏一体の関係となった．

11.1.3 経営所得等安定対策の概要

広範な議論を経て，わが国農業，とりわけ，水田を中心とした土地利

用型農業の持続性を確保していくためには，市場動向に柔軟に対応できる担い手が農業生産の大宗を担う生産構造を構築することが喫緊の課題であることが明らかとなった．

この新たな基本計画の施策を具体化するべく，農林水産省は，平成17年10月に経営所得安定対策等大綱を決定し，担い手の育成・確保，米政策改革の推進及び農地・水資源の確保，環境保全型農業を一体的に推進することとし，わが国農業，とりわけ水田農業の構造改革という戦後最大の農政改革がスタートした．

11.2 経営所得等安定対策の仕組み

11.2.1 対策の仕組み
(1) 品目横断的経営安定対策

ア 対象者

対象者は，認定農業者（北海道10 ha，都府県4 ha以上）と一定の条件を備えた集落営農（20 ha以上）といった担い手である．物理的な制約のある中山間地域，転作受託組織，複合経営等については要件に特例が設けられている．

イ 諸外国との生産条件不利補正対策（いわゆるゲタ対策）

麦，大豆，てん菜，でん粉原料用ばれいしょを対象品目として，過去の生産実績に基づく支払いと当該年の生産量・品質に応じた支払いを実施する．支援水準は「担い手の生産コストー販売額」として算定される．

ウ 収入の変動による影響緩和対策（いわゆるナラシ対策）

米，麦，大豆，てん菜，でん粉原料用ばれいしょを対象品目として，当該年の減収の一定割合（9割）が支払われるもので，支払財源の拠出割合は政府3，生産者1となっている．

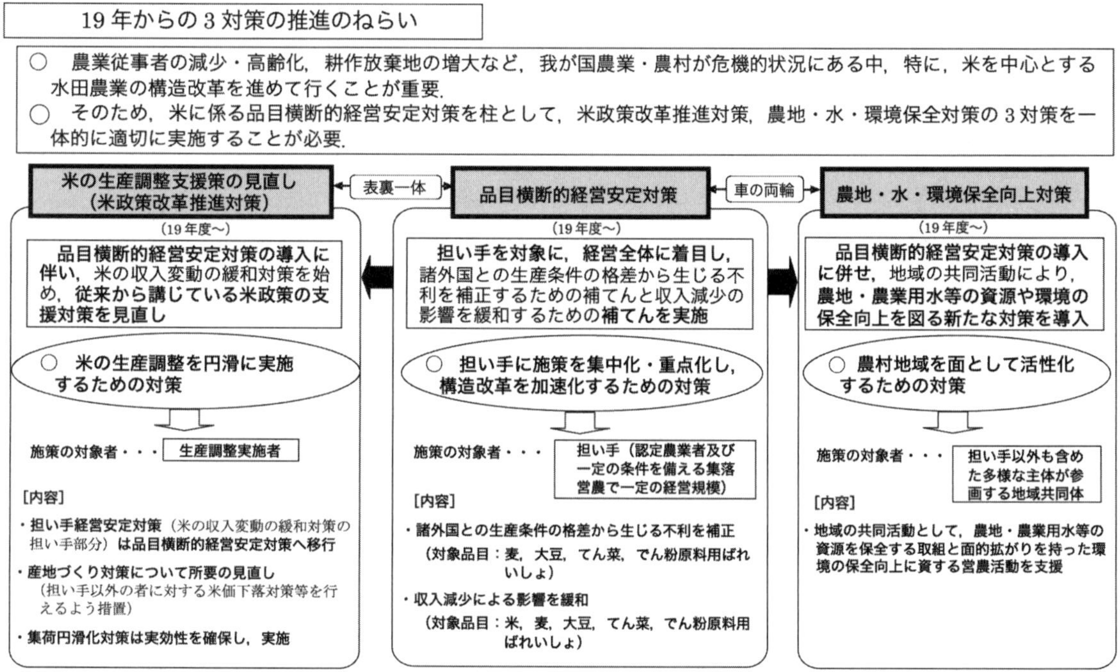

11. 農政改革下の地域農業の方向

```
┌─ 19年からの3対策の推進のねらい ──────────────────────────┐
│ ○ 農業従事者の減少・高齢化、耕作放棄地の増大など、我が国農業・農村が危機的状況にある中、特に、米を中心とする │
│   水田農業の構造改革を進めて行くことが重要。                                         │
│ ○ そのため、米に係る品目横断的経営安定対策を柱として、米政策改革推進対策、農地・水・環境保全対策の3対策を一  │
│   体的に適切に実施することが必要。                                              │
└──────────────────────────────────────────────────┘
```

品目横断的経営安定対策（19年度〜）

○ 担い手を対象に、経営全体に着目し、諸外国との生産条件の格差から生じる不利を補正するための対策とてん菜・でん粉原料用ばれいしょの収入減少の影響を緩和するための対策を実施

○ 担い手に施策を集中化・重点化し、構造改革を加速化するための対策

施策の対象者……担い手（認定農業者及び一定の条件を備える集落営農）で一定の経営規模

[内容]
・諸外国との生産条件の格差から生じる不利を補正（対象品目：麦、大豆、てん菜、でん粉原料用ばれいしょ）
・収入減少による影響を緩和（対象品目：米、麦、大豆、てん菜、でん粉原料用ばれいしょ）

米の生産調整支援策の見直し（米政策改革推進対策）（19年度〜）

○ 担い手経営安定対策の導入に伴い、米の収入変動の緩和対策の担い手部分）は品目横断的経営安定対策へ移行、米の生産調整に従来から講じている米政策の支援対策を見直し

○ 米の生産調整を円滑に実施するための対策

施策の対象者……生産調整実施者

[内容]
・担い手経営安定対策（米の収入変動の緩和対策の担い手部分）は品目横断的経営安定対策へ移行
・産地づくり対策について所要の見直し
・担い手以外の者に対する米価下落対策等を行えるよう措置
・集荷円滑化対策は実効性を確保し、実施

農地・水・環境保全向上対策（19年度〜）

○ 品目横断的経営安定対策の導入に併せ、地域の共同活動により、農地・農業用水等の資源や環境の保全向上を図る新たな対策を導入

○ 農村地域を面として活性化するための対策

施策の対象者……担い手以外も含めた多様な主体が参画する地域共同体

[内容]
・地域の共同活動として、農地・農業用水等の資源を保全する取組と面的拡がりを持った環境の保全に資する営農活動を支援

（表裏一体）（車の両輪）

図11.5 3対策の推進のねらい

(2) 米政策改革推進対策（米の生産調整支援策の見直し）

ア　対象者

対象者は，米の生産調整実施者である．

イ　見直しの内容

担い手に対する米価下落対策（担い手経営安定対策（平成16～18年））は，品目横断的経営安定対策に移行し，米以外の作物振興を主な狙いとする産地づくり対策（平成16～18年）は所要の見直しを行った上で継続されることとなった．

なお，担い手以外の生産調整実施者に対する米価下落対策（稲作所得基盤確保対策（平成16～18年））は，当面の措置（稲作構造改革促進交付金）として，産地づくり対策に一本化されることとなった．

(3) 農地・水・環境保全向上対策

ア　対象者

対象者は，農業者のほか地域住民等が参画する集落等を単位とする活動組織である．

イ　対策の内容

● 農地・農業用水等の資源を保全・向上するための効果の高い共同活動を支援する対策

● 地域（集落等）で相当程度のまとまりをもって，化学肥料や農薬の使用を原則5割以上低減する先進的な取組みを支援する対策

11.2.2　地域の取組み

(1) 担い手形態と担い手の明確化

地域の現状などを踏まえた水田農業の具体的な将来方向と雇用が確保できる農業形態について，地域での討議を通じて担い手の明確化を推進するためには，平成16年度以降，概ね市町村単位において，生産者，農業団体，行政機関の手により策定されている地域水田農業ビジョンを

表11.3 水田農業ビジョンにおける担い手と認定農業者
ビジョンにおける担い手リストの現状（18年3月末現在）

県　名	①認定農業者	②個別経営	③法人経営	④集落型経営体	⑤それ以外の任意組織
青森県	3,090	3,027	22	23	242
岩手県	4,740	4,036	45	193	510
宮城県	4,561	3,532	42	132	859
秋田県	7,813	5,342	37	62	693
山形県	6,868	4,422	28	18	412
福島県	4,114	5,013	46	119	166
東　北	31,186	25,372	220	547	2,882

抜本的に見直し，高度化することが最も効率的である．

　東北6県における地域水田農業ビジョン（平成18年3月末現在）を例にとると（表11.3），認定農業者3万1,000，集落型経営体550弱が担い手として位置づけられている一方で，認定農業者ではない個別経営体や任意組織が未だ多くみられ，これらの経営体などを早急に品目横断的対策の適合水準に誘導する必要がある．

　また，各種の地域農業振興計画と整合した地域水田農業ビジョンを，担い手の育成，農地の利用集積方策，地域としての販売戦略，これに基づく各種農作物の生産計画などを包括した地域農業の基本設計図として，関係者が共有することが肝要である．

　その上で，ビジョンに即し，産地づくり交付金の地域の創意工夫に富んだ活用などにより経営感覚に優れた担い手を育成し，需要に応じた売れる作物の生産・販売を進める必要がある．

(2) 関係機関の効果的な役割分担

　市町村，農協組織の合併が全国的に進む中で，地域農政の指導機関は深刻な人材不足に陥っていることから，例えば，複数市町村を含む県振興事務所などを単位として，自治体，各農業団体などの関係機関が結集し，役割分担を明確にした推進体制を構築し，助言・指導活動と各種支

援策の活用を着実に推進することが重要である．

11.3 農政改革下での地域農業の方向

11.3.1 わが国農業に求められているもの

今日の日本農業がその第1に求められているものは，高度に成熟した国内食品市場の需要動向に対応できる生産体制を確立することである．農村地域においても次第に他産業への就業機会が縮小する中で，地域の最大の産業である農業を重要な雇用の場としていくためには，赤字体質から脱却し，恒常的に所得を確保できる生産・流通・販売体制の確保が必要である．このためには，

① 自治体，JA，農業者，関係団体の役割分担により，競争力の強い部門の強化と弱い部門からの撤退など，収益が確保できる生産体制を構築すること
② 法人化の推進，JAなどによる出資，外部の知識・技術の導入などを通じた農業経営の多角化による就業機会の拡大
③ 地域の文化，景観などを含めた地域ブランド力の強化
④ 地域を越えた販売，技術開発などのネットワークの整備

などの取組みが求められる．

11.3.2 水田農業地域における構造改革

土地利用型農業，とりわけ水田農業の構造改革に向けた取組みに当たっては，2つの前提事項を認識しておく必要がある．

① 中小規模の個別経営において稲作部門は赤字となっていること．採算を度外視した個々の経営赤字は，他産業所得などで補填が可能な範囲にはあるが，個々の経営の収支を合算した地域全体の稲作経済収支では相当額の赤字に上っている．東北地域においても，市町村単位での試算では数億円の損失となる事例が多い．この点を問

題視する自治体関係者は意外に少数に留まっているが，個別の経営収支，地域としての経済収支の双方を改善するため，稲作を含む水田作を赤字体質から早急に脱却させる必要がある．

② 稲作に頼りすぎている地域の農業構造そのものを，収益性の高い持続的農業構造へと体質を改善する必要がある．

この2点を念頭に置いた上で，下記ポイントに留意した取組みを行なうことが有効であると考える．

【水田農業構造改革のポイント】

(1) 集団的な土地利用の実践

水田の利用集積と団地化により，経営資源としての農地を持続的な経営体に集約することである．個別経営体，集落型経営体のいずれにとっても，効率的な水田経営を実践する上で最も基本的な条件整備である．地域条件にもよるが，その具体的な推進策としては，① 機械施設の導入やほ場整備の実施に際し，農地の利用集積を強力に推進する手法，② 県段階の農業公社や市町村・JAが行う農地保有合理化事業による集積の促進などが考えられる．

また，集落営農組織が担い手となる地域では，組織への経理一元化が，高齢者農家に地域社会との繋がり（米の販売名義）の喪失という不安をもたらすことから，これを払拭する必要がある．そのためには，高齢者や女性の働きの場を創出することは有効であり，具体的には，③ 地域への新規作物，加工・販売部門の導入などを市町村・JAが誘導することが効果的と考えられる．特に地縁・血縁関係の強い水田地域においては，高齢者農家の不安を解消することは農地の利用集積上，不可欠である．

なお，その際，市町村・JAなどの助言指導機関は，個別経営体と集落型経営体間の土地利用調整に最大限努力する必要がある．

(2) 担い手を中心とした地域水田農業の構築

具体的には，① 担い手を中心とした農地・施設など経営資源の利用

体制の構築，②JAによる米・大豆などの流通・販売情報の組合員（農業者）への還元と提供，③担い手が水田農業経営に取り組みやすい環境の整備，などを実現することである．

また，地域段階では農村地域特有の農家間での様々な問題が表面化するケースも想定されるが，そのような場合，課題解決を多忙な担い手や集落リーダーだけに任せっきりにすることは問題であり，地域における世話役（支援者）の存在とその機能の有無が極めて重要な決め手となる．

(3) 地域農業マネジメントを通じた生産額の向上

さらに，水田における土地利用型作物の生産のみでは，集落・地域の所得・雇用機会確保の見通しが立ち難い場合には，地域の農地資源・人的資源などを活用した追加的な取組みが求められる．例えば，集約型作物の導入，経営の多角化による加工・販売への取組み，中食・外食を含めた食品産業との事業連携，グリーン・ツーリズムや観光などの農業生産関連部門を幅広く取り込んだ積極的な農業ビジョンを打ち出すことが必要となる．この取組みに当たっては，地域全体を俯瞰するマネジメント能力と横断的な推進体制が，助言・指導機関，農業団体に強く求められることは言うまでもない．

11.4 持続的な地域農業の振興

平成19年度からスタートする経営所得安定対策は，いずれも保険・基礎補償的な施策であり，地域農業にとっては，その基盤を強化する「根の部分」の補強対策と言うべきものである．したがって，本対策のみによって地域農業にバラ色の未来が開けるわけではない．したがって，農業生産を通じた地域の雇用と所得を十分に確保するためには，この対策の上に「実のなる部分」の存在が不可欠となる．すなわち，農地・施設・人・ノウハウなど様々な形の地域資源を活用した生産関連部門の振興，言い換えるならば，新規品目の導入から加工・販売，地産地消，輸

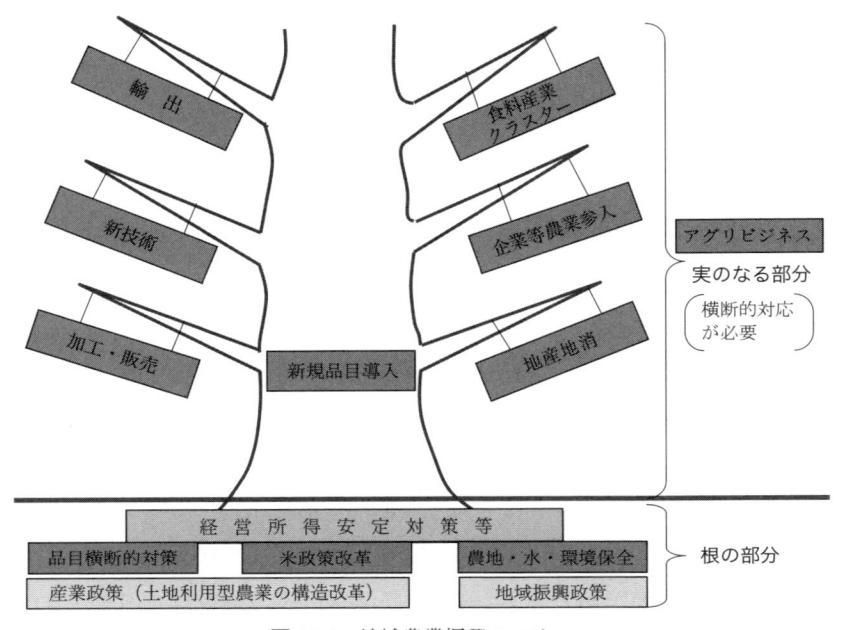

198　　　　　　　　11. 農政改革下の地域農業の方向

図中ラベル:
- 輸出
- 新技術
- 加工・販売
- 食料産業クラスター
- 企業等農業参入
- 新規品目導入
- 地産地消
- アグリビジネス　実のなる部分　横断的対応が必要
- 経営所得安定対策等
- 品目横断的対策　米政策改革　農地・水・環境保全
- 産業政策（土地利用型農業の構造改革）　地域振興政策
- 根の部分

図 11.6　地域農業振興のツリー

出促進に至る「樹上の部分」が開花・結実することによって，初めて，地域における新たな雇用の場と所得の創造とが期待される．

　地域の農業関係者が，このような観点に立って，経営所得安定対策の推進という当面の課題解決に忙殺されることなく，異分野の関係者による新鮮な発想，地域外の専門家などによる「外からの視点」に立った発想を取り入れた創造的取組みを行うことが，構造改革の時代に農業者の方々に将来への夢を持っていただくことに通じることになろう．

【東北におけるアグリビジネスの発展事例】
　① 酒造会社の農業参入と地域振興への参画
　　　宮城県大前市　一の蔵酒造
　② 地産地消を切り口とした農産物多品目化，新たな加工品の開発

青森県十和田市　農事組合法人　道の駅とわだ産直友の会ほか
③　海外輸出に向けたリンドウ産地の振興
　　　岩手県八幡平市　花き振興協議会
④　食料クラスターによる地域特産トウガラシの新規加工品開発
　　　青森県弘前市　在来津軽「清水森ナンバ」ブランド確立研究会

[追記]
　著者2人は，平成16年4月から，東北農政局米政策改革等推進本部の事務局員として，地域における米政策改革ならびに今般の経営所得安定対策の理念の浸透，普及啓発に当たった．本稿は，3年間にわたる農業構造改革のための農業経営者，関係行政機関，農業団体との議論，及び集落座談会における意見交換の内容を想起しつつ，執筆したものである．

（高橋伸悦・田中宏樹）

■ 編者略歴

池戸重信（いけど　しげのぶ）

宮城大学　食産業学部　教授

略　歴：東北大学農学部 農芸化学科卒業の後，
　　　　農林水産省 食品流通局技術室長，東京農林水産消費技術センター 所長，
　　　　食品流通局 消費生活課長を歴任し，（独）農林水産消費技術センター理
　　　　事長を経て現職。専門：食品安全政策学，趣味：東京都内定点撮影

著　書：食品の安全と品質確保（農文協，2006 年）
　　　　ISO22000 の取り方・活かし方（日刊工業新聞社，2006 年）
　　　　ISO22000 実践ガイド（ぎょうせい，2007 年）

明日を目指す　日本農業 – Japan ブランドと共生

2007 年 10 月 15 日　初版第 1 刷　発行

編　者　池 戸 重 信
発　行　桑 野 知 章
発行所　株式会社　幸 書 房
〒101-0051　東京都千代田区神田神保町3-17
TEL03-3512-0165　　FAX03-3512-0166
URL：http://www..saiwaishobo.co.jp
組　版　デジプロ
印　刷　シナノ

Printed in Japan　　Copyright　Shigenobu　IKEDO　2007
無断転載を禁じます。

ISBN978-4-7821-0308-1　C1061